未来能源与动力卓越工程师培养系列教材

氢能源动力
实验原理与指导

廖高良　张峰　陈敬炜　杨高强　编

机械工业出版社
CHINA MACHINE PRESS

本书系统地介绍了氢能源动力系统相关的测量基础与实验技术，帮助学生和科研人员深入理解氢能源动力实验的基本测量原理和具体操作。本书分为实验原理和实验指导两部分：实验原理部分包含了测量和仪表的基本知识，介绍了与氢能源动力相关的几类测量，如压力测量、温度测量、流量测量、气体成分分析、电化学测量等；实验指导部分包含了交流阻抗法测试电极过程参数、合金储氢材料（$LaNi_5$）的吸放氢性能实验、氢气的制备与纯化、双极板的制备与测试、质子交换膜燃料电池的组装与性能测试、氢燃料电池动力系统的搭建与测试、电解槽的拆装实验7个关键实验。教材内容覆盖氢的制备、存储、运输，燃料电池的工作原理及其在动力系统中的应用，兼具理论性和实践性。

本书可作为高等院校能源与动力工程、车辆工程、化学工程及相关专业的本科生、研究生教材，也可作为从事氢能源研究的科研人员和工程技术人员的参考用书。

图书在版编目（CIP）数据

氢能源动力实验原理与指导 / 廖高良等编. -- 北京：机械工业出版社，2025. 5. --（未来能源与动力卓越工程师培养系列教材）. -- ISBN 978-7-111-78385-5

Ⅰ.TK91-33

中国国家版本馆CIP数据核字第2025L8T172号

机械工业出版社（北京市百万庄大街22号　邮政编码100037）
策划编辑：何士娟　　　　　　　　责任编辑：何士娟
责任校对：刘　雪　王小童　景　飞　封面设计：张　静
责任印制：张　博
固安县铭成印刷有限公司印刷
2025年8月第1版第1次印刷
184mm×260mm · 10印张 · 216千字
标准书号：ISBN 978-7-111-78385-5
定价：60.00元

电话服务　　　　　　　　网络服务
客服电话：010-88361066　机　工　官　网：www.cmpbook.com
　　　　　010-88379833　机　工　官　博：weibo.com/cmp1952
　　　　　010-68326294　金　书　网：www.golden-book.com
封底无防伪标均为盗版　机工教育服务网：www.cmpedu.com

丛书序

我们正身处一场波澜壮阔的能源革命浪潮之巅。以风、光、水、生物质发电为代表的可再生能源，正以前所未有的速度取代那曾孕育了数千年人类文明，却也带来严峻挑战的化石能源体系，奏响了新工业革命的时代强音。而绿色氢能，作为连接可再生能源与终端应用的理想载体，正日益成为这场"未来能源"变革成功落地的关键催化剂。

本丛书的诞生，源于一个朴素的愿景：为奋战在能源转型一线的工程师提供一套融合前沿系统理论与尖端工程实践的权威参考；为相关专业莘莘学子铺设一条通往氢能知识殿堂的坚实阶梯。丛书由深耕未来能源与动力领域的资深教授与工程专家联袂执笔，既牢牢锚定基础科学原理，更直指产业前沿的产品开发与工程应用核心。

本丛书的特点如下：

（1）体系完备，构建知识全景：内容涵盖太阳能发电、电解水制氢、氢能储存、氢内燃机、氢燃料电池、氢能源管理、氢能实验等全链条关键技术，为读者搭建系统化的知识框架。

（2）内容新颖，赋能产业创新：凝聚编者团队宝贵的一手工程经验与前沿洞见，其蕴含的深厚工程价值，将直接服务于科研攻关与产品迭代，是推动行业进步的实用宝典。

（3）深入浅出，激发学习兴趣：行文力求清晰晓畅，由基础至精专层层递进，旨在帮助读者高效入门并点燃深入探索专业奥秘的热情，为锻造未来能源与动力领域的卓越工程师筑基。

（4）立德树人，厚植家国情怀：坚定践行高等教育立德树人的根本使命。丛书设置有"拓展阅读"版块，以弘扬"中国制造"与"中国创造"的辉煌成就，培育学生的大国担当、爱国热忱与工匠精神；还设有"综合实践项目"，以引导学生洞察国家能源战略、把握技术发展脉搏，锤炼将理论智慧转化为解决复杂工程问题能力的硬核素养。

这套丛书的编纂，是一项凝聚智慧与汗水的系统工程，历时三载春秋。在此，谨向倾注心血的各位编委、作者及审稿专家致以最崇高的敬意！正是诸位深厚的学养积淀与丰富的实践经验，铸就了丛书内容的卓越品质与严谨风骨。我们亦深深感谢湖南油泵油嘴有限公司许仲秋董事长对丛书的鼎力支持，以及科力远混合动力技术科技有限公司弓传河总工程师、康明斯公司新能源动力事业部纪明霁总工程师等企业专家团队的无私奉献。他们分享的鲜活案例与前沿洞见，使丛书得以紧贴产业跳动的脉搏。在此，向所有参与和支持丛书出版的同仁，献上最诚挚的谢忱！是大家的勠力同心，成就了这套融贯理论与实战的"未来能源与动力卓越工程师培养系列教材"。

我们深信，这套丛书的问世，必将为突破未来能源领域关键核心技术瓶颈、加速推动"双碳"目标宏图的实现，注入强劲的智慧动能，其价值必将随着时代的发展而愈发彰显。

是为序。

2025 年初于湖南大学

前言

随着全球能源结构的转型和对可持续发展目标的追求,氢能源作为清洁、高效的能源载体,日益受到重视。氢能源不仅能够有效降低温室气体排放,还具备广泛的应用前景,特别是在交通运输、发电和储能等领域。因此,深入理解氢能源的动力学原理以及相关实验方法,对于推动氢能技术的研究与应用具有重要意义。

本书全面介绍了氢能源动力实验相关的测量原理、仪器仪表、测试技术等知识,使读者在学习理论知识的同时学会实验研究的方法;通过动手实践,读者能够加深对氢能源技术的理解,掌握相关操作技能,并在解决实际问题时灵活应用;此外,实验过程涉及的测量方法和数据分析技术,将为读者后续的研究与工程实践打下良好的基础。

本书适用于氢能源领域的科研人员、工程师及相关专业的学生。无论是初学者还是已有基础的研究者,都能从中获得丰富的理论知识和实践指导。希望本书能够成为氢能源技术学习与研究的有力工具,推动氢能源技术的创新与发展。

本书分为上、下两篇,分别为氢能源动力实验原理与氢能源动力实验指导。上篇致力于阐明氢能源实验的基本理论,包括绪论、压力测量、温度测量、流量测量、气体成分分析和电化学测量等内容,这些基础知识为后续的实验指导提供了坚实的理论基础,使读者在实验过程中能够更加自信地应用各种测量和分析技术。下篇详细介绍了 7 个关键实验,这些实验涵盖了氢能源研究中的重要环节,如交流阻抗法测试电极过程参数,能够帮助读者理解电极反应的动态行为;质子交换膜燃料电池的组装与性能测试,使读者能够直观地了解燃料电池的工作原理及其应用。

本书由湖南大学廖高良、张峰、陈敬炜、杨高强共同编写。全书由廖高良统稿。湖南大学彭立新教授、付建勤教授、马寅杰副教授提出了许多宝贵意见,在此对他们表示衷心的感谢。

限于作者水平,书中难免有谬误或不足之处,敬请读者指正,以便本书的进一步改进。

目录

前言

上篇　氢能源动力实验原理

>>> 第1章　绪论　3

- 1.1　测量和仪表的基本知识 ⋯⋯⋯⋯⋯⋯⋯⋯⋯⋯⋯⋯⋯⋯⋯⋯⋯⋯⋯⋯⋯⋯⋯⋯⋯ 3
  - 1.1.1　测量概述 ⋯⋯⋯⋯⋯⋯⋯⋯⋯⋯⋯⋯⋯⋯⋯⋯⋯⋯⋯⋯⋯⋯⋯⋯⋯⋯⋯⋯ 3
  - 1.1.2　仪表的基本知识 ⋯⋯⋯⋯⋯⋯⋯⋯⋯⋯⋯⋯⋯⋯⋯⋯⋯⋯⋯⋯⋯⋯⋯⋯⋯ 5
- 1.2　测量误差分析 ⋯⋯⋯⋯⋯⋯⋯⋯⋯⋯⋯⋯⋯⋯⋯⋯⋯⋯⋯⋯⋯⋯⋯⋯⋯⋯⋯⋯⋯ 6
  - 1.2.1　测量误差的概念 ⋯⋯⋯⋯⋯⋯⋯⋯⋯⋯⋯⋯⋯⋯⋯⋯⋯⋯⋯⋯⋯⋯⋯⋯⋯ 6
  - 1.2.2　测量误差的分类 ⋯⋯⋯⋯⋯⋯⋯⋯⋯⋯⋯⋯⋯⋯⋯⋯⋯⋯⋯⋯⋯⋯⋯⋯⋯ 7
  - 1.2.3　测量精度的判断标准 ⋯⋯⋯⋯⋯⋯⋯⋯⋯⋯⋯⋯⋯⋯⋯⋯⋯⋯⋯⋯⋯⋯⋯ 8
  - 1.2.4　直接测量误差分析 ⋯⋯⋯⋯⋯⋯⋯⋯⋯⋯⋯⋯⋯⋯⋯⋯⋯⋯⋯⋯⋯⋯⋯⋯ 9
  - 1.2.5　间接测量误差分析 ⋯⋯⋯⋯⋯⋯⋯⋯⋯⋯⋯⋯⋯⋯⋯⋯⋯⋯⋯⋯⋯⋯⋯⋯ 11
  - 1.2.6　综合误差的计算 ⋯⋯⋯⋯⋯⋯⋯⋯⋯⋯⋯⋯⋯⋯⋯⋯⋯⋯⋯⋯⋯⋯⋯⋯⋯ 15
- 1.3　测量数据处理 ⋯⋯⋯⋯⋯⋯⋯⋯⋯⋯⋯⋯⋯⋯⋯⋯⋯⋯⋯⋯⋯⋯⋯⋯⋯⋯⋯⋯⋯ 17
  - 1.3.1　有效数字 ⋯⋯⋯⋯⋯⋯⋯⋯⋯⋯⋯⋯⋯⋯⋯⋯⋯⋯⋯⋯⋯⋯⋯⋯⋯⋯⋯⋯ 17
  - 1.3.2　数据处理的基本方法 ⋯⋯⋯⋯⋯⋯⋯⋯⋯⋯⋯⋯⋯⋯⋯⋯⋯⋯⋯⋯⋯⋯⋯ 18

>>> 第2章　压力测量　23

- 2.1　压力的概念与表示方法 ⋯⋯⋯⋯⋯⋯⋯⋯⋯⋯⋯⋯⋯⋯⋯⋯⋯⋯⋯⋯⋯⋯⋯⋯⋯ 23
  - 2.1.1　压力的概念 ⋯⋯⋯⋯⋯⋯⋯⋯⋯⋯⋯⋯⋯⋯⋯⋯⋯⋯⋯⋯⋯⋯⋯⋯⋯⋯⋯ 23
  - 2.1.2　压力的表示方法 ⋯⋯⋯⋯⋯⋯⋯⋯⋯⋯⋯⋯⋯⋯⋯⋯⋯⋯⋯⋯⋯⋯⋯⋯⋯ 23
- 2.2　压力测量仪表的分类 ⋯⋯⋯⋯⋯⋯⋯⋯⋯⋯⋯⋯⋯⋯⋯⋯⋯⋯⋯⋯⋯⋯⋯⋯⋯⋯ 25
  - 2.2.1　液柱式压力计 ⋯⋯⋯⋯⋯⋯⋯⋯⋯⋯⋯⋯⋯⋯⋯⋯⋯⋯⋯⋯⋯⋯⋯⋯⋯⋯ 25
  - 2.2.2　弹性式压力计 ⋯⋯⋯⋯⋯⋯⋯⋯⋯⋯⋯⋯⋯⋯⋯⋯⋯⋯⋯⋯⋯⋯⋯⋯⋯⋯ 29
  - 2.2.3　电气式压力传感器和变送器 ⋯⋯⋯⋯⋯⋯⋯⋯⋯⋯⋯⋯⋯⋯⋯⋯⋯⋯⋯⋯ 33

2.3 气流的压力测量 ··· 43
    2.3.1 静压的测量 ·· 44
    2.3.2 总压的测量 ·· 46
    2.3.3 压力探针的测量误差分析 ··· 48
2.4 测压系统的安装和动态特性 ··· 49
    2.4.1 测压系统的安装 ··· 49
    2.4.2 测压系统的动态特性 ·· 51

>>> 第 3 章　温度测量　　54

3.1 温度和温度标尺 ··· 54
    3.1.1 温度的定义 ·· 54
    3.1.2 温度标尺 ·· 54
3.2 接触式测温方法 ··· 57
    3.2.1 接触式测温方法的特点及分类 ································· 57
    3.2.2 热电阻温度计 ·· 58
    3.2.3 热电偶温度计 ·· 60
    3.2.4 其他接触式温度计 ·· 63
3.3 非接触式测温方法 ··· 65

>>> 第 4 章　流量测量　　69

4.1 流速测量 ··· 69
    4.1.1 流体速度的测量 ·· 69
    4.1.2 测压管 ·· 71
    4.1.3 流速测量技术 ·· 73
4.2 流量测量 ··· 75
    4.2.1 流量 ·· 75
    4.2.2 容积式流量测量方法和仪表 ····································· 76
    4.2.3 速度式流量测量方法和仪表 ····································· 77
    4.2.4 压差式流量测量方法和仪表 ····································· 84
    4.2.5 其他形式的流量计 ·· 88
4.3 气液两相流测量概述 ··· 90
    4.3.1 测量原理 ·· 90

4.3.2　几种用于两相流流量测量的仪表 ………………………………………… 93

>>> 第 5 章　气体成分分析　　97

5.1　气体成分分析方法概述 ………………………………………………………… 97
　　5.1.1　气体成分分析的定义与用途 ………………………………………………… 97
　　5.1.2　气体成分分析方法的分类 …………………………………………………… 100
5.2　氧气分析仪 ……………………………………………………………………… 103
　　5.2.1　热磁式氧分析仪 ……………………………………………………………… 103
　　5.2.2　氧化锆氧分析仪 ……………………………………………………………… 104
　　5.2.3　燃料电池式氧分析仪 ………………………………………………………… 106
5.3　氢气分析仪 ……………………………………………………………………… 107
　　5.3.1　热导式氢分析仪 ……………………………………………………………… 108
　　5.3.2　奥氏气体分析仪 ……………………………………………………………… 110
　　5.3.3　气相色谱分析仪 ……………………………………………………………… 111

>>> 第 6 章　电化学测量　　114

6.1　电化学测量方法 ………………………………………………………………… 114
　　6.1.1　概述 …………………………………………………………………………… 114
　　6.1.2　电化学测量的基本原则 ……………………………………………………… 114
　　6.1.3　电化学测量的主要步骤 ……………………………………………………… 115
　　6.1.4　电化学测量的注意事项 ……………………………………………………… 115
6.2　电化学测量实验基本知识 ……………………………………………………… 116
　　6.2.1　电极 …………………………………………………………………………… 116
　　6.2.2　电极电势 ……………………………………………………………………… 118
　　6.2.3　电解池 ………………………………………………………………………… 119
　　6.2.4　盐桥 …………………………………………………………………………… 120
6.3　线性扫描伏安法 ………………………………………………………………… 121
　　6.3.1　概述 …………………………………………………………………………… 121
　　6.3.2　响应电流特点 ………………………………………………………………… 121
　　6.3.3　基本过程 ……………………………………………………………………… 122
6.4　交流阻抗法 ……………………………………………………………………… 123
　　6.4.1　概述 …………………………………………………………………………… 123

6.4.2　基本概念 …………………………………………………………………… 124

6.4.3　电化学阻抗谱在燃料电池上的应用 ………………………………………… 127

下篇　氢能源动力实验指导

>>> **实验1　交流阻抗法测试电极过程参数**　　　　　　　　　　　　131

>>> **实验2　合金储氢材料（LaNi$_5$）的吸放氢性能实验**　　　　　　134

>>> **实验3　氢气的制备与纯化**　　　　　　　　　　　　　　　　　137

>>> **实验4　双极板的制备与测试**　　　　　　　　　　　　　　　　140

>>> **实验5　质子交换膜燃料电池的组装与性能测试**　　　　　　　　143

>>> **实验6　氢燃料电池动力系统的搭建与测试**　　　　　　　　　　146

>>> **实验7　电解槽的拆装实验**　　　　　　　　　　　　　　　　　149

>>> **参考文献**　　　　　　　　　　　　　　　　　　　　　　　　　152

上篇
氢能源动力实验原理

第1章 绪　论

1.1 测量和仪表的基本知识

1.1.1 测量概述

测量是人类对自然界的客观事物取得数量观念的一种认识过程。在这一过程中，借助专门的工具，通过实验和对实验数据的分析计算，求出以所采用的测量单位来表示的未知量的数值。换句话说，测量就是为了取得未知参数而做的全部工作，包括测量数据读取、误差分析和数据处理等。

在自然科学和工程技术领域，开展研究工作的目的是探求客观事物质与量的变化关系。而在研究质与量的关系过程中都离不开测量。科学技术的发展与测量技术的不断完善是紧密相关的，测量技术推动科学的新发现，并使之应用于技术实践中。

测量技术是研究有关测量方法和测量工具的科学技术，根据测量对象的差异而分成若干方面，如力学测量、电学测量、长度测量、热工测量等。测量技术的各个分支既有共同需要研究的问题，如测量系统分析、测量误差分析与数据处理理论；又有各自不同的特点，如各种不同物理参数的测量原理、测量方法与测量工具。

根据前述测量的介绍，测量的目的是获得由数值和单位表示的被测物理量（简称被测量），被测量 Q 可用下式表达：

$$Q = qU \tag{1-1}$$

式中，U 为所选用的测量单位；q 为被测量与单位量的数字比值。

当所选用的测量单位 U 用另一测量单位 U' 代替时（如以 m 代替 cm，以 kg 代替 g），则所求的数字比值 q 也将随单位变换之间的转化关系而作相应的变化。

为了有利于研究测量过程中所产生的误差，有必要把测量方法按测量结果产生的方式进行分类，包括直接测量法、间接测量法和组合测量法。

1. 直接测量法

在测量中，将被测量直接与选用的标准量进行比较，用预先标定好的测量仪器进行测量，从而直接求得被测量的数值，这种测量称之为直接测量法。属于直接测量的例子很多，在工程技术中被广泛使用：如用水银温度计测量介质温度，用压力表测量容器内的介质压力，用电流表测量电路中的电流等。

2. 间接测量法

在由若干基本物理量单位导出的物理量中，有相当多的物理量是不能用直接测量法测出的，例如汽轮机的油耗率、压气机的轴功率、机组的各种效率等，此时需要采用间接测量法。测量中，通过直接测量与被测量有某种确定函数关联式的若干变量，将所得数值代入该关联式中进行计算，从而求得被测量的数值，这类测量称之为间接测量法。例如，当需要测量汽轮机轴功率 P 时，可用以下关系式：

$$P = \frac{Mn}{9549}$$

通过用测速测扭仪在扭力轴上（连接于汽轮机受力轴端）同时进行扭矩 M 和转速 n 的直接测量，将测量的读数经处理后代入上式，即可求得轴功率 P。

3. 组合测量法

测量中使各个未知量以不同的组合形式出现（或改变测量条件以获得各种不同组合），根据直接测量或间接测量所获得的数据，通过求解联立方程组以求得未知量的数值，这类测量称之为组合测量法。在组合测量中，未知量与被测量之间存在一定的关系。

例如在用铂电阻温度计测量介质温度时，其电阻值和温度的关系是：

$$R_t = R_0(1 + at + bt^2)$$

式中，R_t 为在 t ℃时的铂电阻值（Ω）；R_0 为在 0 ℃时的铂电阻值（Ω）；a、b 为铂电阻的温度系数。

为了确定铂电阻温度系数，首先需测得在不同温度下的电阻值，再建立联立方程求解以得到 a、b 的数值。

除了按测量结果产生的方式分类，测量方法还可以按测量工具、测量条件以及被测量状态等分类。

1）按测量工具分类，可分为偏差测量法、零位测量法和微差测量法。测量中用仪表指针的位移（即偏差）来表示被测量的方法称为偏差测量法，该方法测量过程简单迅速，但测量结果精度较低。采用指零仪表的零位指示检测测量系统的平衡状态，当系统平衡时进行测量，测量中用准确已知的标准量具与被测量比较，调整量具并使其随时等于被测量，然后读出量具的量值，这类测量方法称之为零位测量法，该方法测量过程比较复杂、费时较长，不适用于测量迅速变化的信号。微差测量法是综合了偏差测量法与零位测量法的优点而提出的一种测量方法，测量中先用零位测量法将标准量与被测量进行比较，取得量值，再用偏差测量法测出余下的偏差值，被测量即为量值与偏差值的代数和。

2）按测量条件分类，可分为等精度测量与非等精度测量。在完全相同的条件下进行的一系列重复测量称之为等精度测量；反之，在多次测量中测量条件不尽相同的测量称之为非等精度测量。

3) 按被测量状态分类，可分为静态测量和动态测量。在测量过程中，被测量不随时间而变化，称为静态测量；若被测量随时间而具有明显的变化，则称为动态测量。实际上，绝对不随时间而变化的量是不存在的，通常把那些变化速度相对于测量速度十分缓慢的量的测量，按静态测量来处理。相对于静态测量，动态测量更为困难，不仅参数本身的变化可能是很复杂的，而且测量系统的动态特性对测量的影响也是很复杂的，因而测量数据的处理有着与静态测量不同的原理与方法。

1.1.2 仪表的基本知识

随着工业信息化及科学实验的精确化、综合化及快速化，测量仪表的发展很快，特别是由品种繁多、功能不一的测量仪表综合而成的成套测量系统，已在工业和科学实验中获得大量应用。

仪表的种类繁多，按用途可分为范型仪表（或称标准仪表）和实用仪表。范型仪表是用来复制或保持测量单位，或用来对各种测量仪表进行校验和刻度工作的仪表，具有很高的精度；实用仪表是供工业生产和科研实验测量使用的仪表。

按仪表在测量系统中的作用可以分为检测仪表、显示仪表、调节（控制）仪表和执行器。检测仪表的主要作用是获取信息并进行适当的转换，主要用来测量温度、压力、流量、物位、成分等物理量；显示仪表的作用是将由检查仪表获得的信息显示出来，根据显示方式不同可分为指示型仪表、记录型仪表和数字型仪表；调节仪表可以根据需要对输入信号进行各种运算，例如放大、积分、微分等；执行器可以接收调节仪表的输出信号或直接来自操作人员的指令，对测量过程进行操作或控制。

由于各种仪表的功能不同，每种仪表在特性上都有不同的侧重面，为了对仪表有一个统一的衡量标准，兹将其主要性能定义分述如下。

1. 量程

仪表能测量的最大输入量与最小输入量之间的范围称为仪表的量程或测量范围。与量程相似的一个概念是标度范围（也称示值范围），是指由指示型仪表刻度盘上的终值和起始值所限定的范围。两者之间的区别在于量程比刻度范围多了个允许误差量。

在选用仪表时首先要对被测量值有一大致的估计，务必使被测量值落在仪表量程之内（最好落在 2/3 的量程附近），因为在测量过程中，一旦测量值超过仪表的量程，其后果可能是仪表遭受损坏，或使仪表的精度降低。

2. 精确度

精确度也称精度，是测量某物理量可能达到的测定值接近于其真值的程度，通常用误差的大小来表示。仪表精度的概念目前国内外还没有统一起来，其中常用的一种精度定义是以最大量程时的相对误差来代表精度。例如，判断某仪表的精度是对其在全量程条件下测量几次，以这几次中相对误差最大者定其精度。许多仪表就是用最大量程相对误差作为仪表的精度等级的。例如一台精度为 0.2 级的仪表，意思是测定值的误差不超过仪表最大量程的 ±0.2%。

3. 灵敏度

灵敏度通常是指仪表在做静态测量时，输出端的信号增量与输入端的信号增量（或被测物理量增量）之比值。对于不同用途的仪表，仪表灵敏度的量纲也各不相同：对于压力传感器，输入量是压力，单位是 Pa，输出为 mV，则压力传感器灵敏度的量纲是 mV/Pa；而对于指示型压力表，其灵敏度量纲则是 mm/Pa。有些仪表的灵敏度具有另外的含义，如频率计的灵敏度是指能使仪器正常工作的最小输入的幅度，其与频率计输出的示值没有关系。因此，在使用仪表前，必须仔细查看其说明书，以了解确切的含义。

与灵敏度有关的另一性能是仪表的分辨力。分辨力是指测量仪表可能检测出被测信号最小变化的能力。在精度较高的指示型仪表上，为了提高分辨力，刻度盘上的刻度总是又密又细的。

4. 复现性

复现性通常表示在同一测量条件下，对同一数值的被测量进行重复测量时测量结果的一致程度。复现性还可以用来表示仪表在一个相当长的时间内，维持其输出特性恒定不变的性能。因此，从这个意义上来讲，仪表的复现性和稳定性是同一个意思。

5. 动态特性

动态特性为仪表对随时间变化的被测量的响应特性。动态特性好的仪表，其输出量随时间变化的曲线与被测量随同一时间变化的曲线一致或比较接近。一般仪表的固有频率越高，时间常数越小，其动态特性越好。

1.2 测量误差分析

1.2.1 测量误差的概念

在确定的条件下，反映任何物质（物体）物理特性的物理量所具有的客观真实数值称为真值。由器具或仪表所测量出来的物理量的数值称为测定值。测定值与被测量真值的差异量称之为测量的绝对误差，或简称测量误差，测量误差的数学表达式为

$$\delta = x - x_0 \tag{1-2}$$

式中，δ 为测量误差，x 为测定值，x_0 为被测量真值。

任何测定值都只能近似地接近真值，测定值必然是有别于测量真值的，即肯定存在误差。既然误差是客观存在的，那么就有必要研究、分析误差的来源和性质。

绝对误差与约定值之比称为相对误差 δ_{re}，其公式如下：

$$\delta_{re} = \frac{\delta}{m} \tag{1-3}$$

式中，m 为约定值。一般约定值 m 有如下几种取法：

① m 取测量仪表的指示值时，则 δ_{re} 称为标称相对误差。
② m 取测量的实际值（或称约定真值）时，则 δ_{re} 称为实际相对误差。
③ m 取仪表的满刻度值时，则 δ_{re} 称为引用相对误差。

相对误差为无量纲数，常以百分数（%）表示。对于相同的被测量，用绝对误差可以评定其测量精度的高低；对于不同的被测量，应采用相对误差来评定。

1.2.2 测量误差的分类

根据误差产生的原因，可以将测量误差分为系统误差、粗大误差和随机误差。

1. 系统误差

系统误差的特点是：对同一被测量进行多次测量时，测量误差数值的大小和符号或者固定不变（恒值系统误差），或是按一定规律变化（变值系统误差）。而变值系统误差又可分为累进系统误差、周期性系统误差和按复杂规律变化的系统误差。例如，仪表指针零点偏移将产生恒值系统误差，电子电位差计滑线电阻的磨损将导致累进系统误差，测量现场电磁场的干扰将引入周期性系统误差。

系统误差决定了测量的准确度，也表示测量结果偏离被测量真值的程度。系统误差越小，测量结果越准确。系统误差产生的原因可能是仪表制造、安装或使用方法不正确，也可能是测量人员的一些不良习惯。系统误差就个体而言是有规律的，其产生的原因往往是可知的或者是能够掌握的。因此，系统误差可以通过实验的方法加以消除，也可以通过引入更正值的方法加以修正。

更正值的数值等于系统误差的数值，但符号与之相反。例如一台天平秤出厂时附有一张该秤刻度的校准表（表1-1），表中所示的 +5, +10, …, +20 等数值，就是该秤在各测定值条件下的更正值。当用该秤测得物料（测定值）为 2000g 时，对应更正值为 +12g，系统误差为 –12g，则物料真值为 2000 –（–12）= 2012g。

表 1-1 校准表 （单位：g）

测定值	500	1000	1500	2000	2500	3000	3500	4000
更正值	+5	+10	+12	+12	+15	+15	+18	+20

2. 粗大误差

粗大误差也称疏失误差、过失误差或粗差，主要是由于测量人员的读数错误、记录或运算错误、错误操作仪表等原因造成的。例如，在用铜-康铜热电偶测量温度时，错误地使用了铂铑-铂毫伏指温计作为指示仪表；将数字 19.68 误写成 19.86 等。由于上述原因而使得测量结果有明显的歪曲，就其数值而言，粗大误差往往都远超同一条件下的系统误差和随机误差。凡经证实的粗大误差应从实验数据中剔除，因为其是不可信赖的。

3. 随机误差

在相同条件下重复测量时，受大量的、微小的随机因素的作用，测量误差的出现没有一定的规律，其数值的大小和符号均不固定，则称这类误差为随机误差。随机误差是始终存在的，是难以消除的，就像人们不能控制和消除随机因素一样。

随机误差的来源包括：

① 仪表内部存在摩擦和间隙等不规则变化。

② 测量人员对仪表最末一位读数估计不准。

③ 周围环境不稳定对测量对象和测量仪器的影响，如气压、温度、湿度、电磁干扰、振动、光照等因素的微量变化，都会使测量对象在数值大小上引起相应的变化，使测量仪器本身的精度发生变化。

随机误差产生的原因，也可以认为是由不可控制的或不值得耗费很大财力物力去消除的各种因素造成的。在这些随机因素中，有的我们已经认识到、估计到，有些可能我们尚未发现，但是其肯定是影响测量的次要因素。在某些情况下，经剔除后尚残存的那些数值微小、符号可变不可变的系统误差，也混在随机误差中间。测量时把一切次要因素都统统考虑进去是不必要的，有时也是不可能的。

虽然个别随机误差的产生是没有规律的，但是只要在等精度测量条件下测量的次数足够多，则可发现随机误差服从一定的统计规律。随机误差不能通过实验方法加以剔除，但因其总体服从统计规律，可以从理论上估计其对测量结果的影响。

随机误差与系统误差既有区别又有联系。二者之间并无绝对的界限，在一定的条件下可以相互转化。对某一具体误差，在某一条件下为系统误差，而在另一条件下可为随机误差，反之亦然。过去视为随机误差的测量误差，随着对误差认识水平的提高，有可能分离出来作为系统误差处理；而有一些变化规律复杂、难以消除或没有必要花费很大代价消除的系统误差，也常当作随机误差处理。

1.2.3　测量精度的判断标准

系统误差、粗大误差和随机误差三类误差都会使测量结果偏离真值，对测量结果造成歪曲。常用精密度、准确度和精确度来衡量测量结果与真值接近的程度。

① 精密度：对同一被测量进行多次测量所得的测定值复现性的程度，称为精密度。其反映随机误差的影响程度，随机误差愈小，精密度愈高。

② 准确度：对同一被测量进行多次测量，所得的测定值偏离被测量真值的程度，称为准确度。准确度反映了系统误差的影响程度，系统误差愈小，准确度愈高。

③ 精确度：精密度与准确度的综合指标称为精确度，或称精度。

在一组测量中，精密度高的准确度不一定高，准确度高的精密度也不一定高；但精确度高，则精密度和准确度都高。为了说明精密度与准确度的区别，可用下述打靶子例子来说明，如图 1-1 所示。

图 1-1a 表示精密度和准确度都很好，则精确度高；图 1-1b 表示精密度很好，但准确度却不高；图 1-1c 表示精密度和准确度都不好。在实际测量中没有像靶心那样明确的真值，而是设法去测定这个未知的真值。

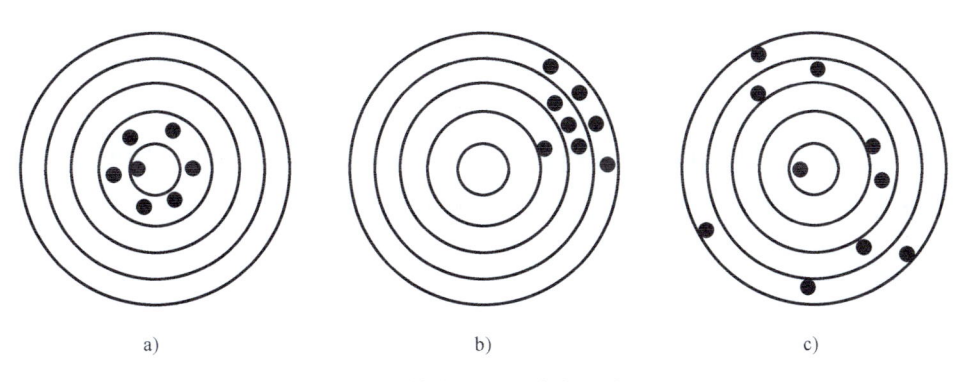

图 1-1　精密度与准确度的关系

1.2.4　直接测量误差分析

大多数测定值及其误差都服从正态分布，如图 1-2 所示：正态分布曲线的参变量是特征参数 μ 和 σ；在静态测量条件下，被测量真值 μ 是一定的，σ 的大小表征各测定值在真值周围的弥散程度。由图 1-2 可见，σ 值愈小，曲线愈尖锐，幅值愈大；反之，σ 值愈大，幅值愈小，曲线愈趋平坦。σ 小，表明测量数据中数值较小的误差占优势；σ 大，则表明测量数据中数值较大的误差相对比较多。因此可以用参数 σ 来表征测量的精密度。σ 愈小，表明测量的精密度愈高。

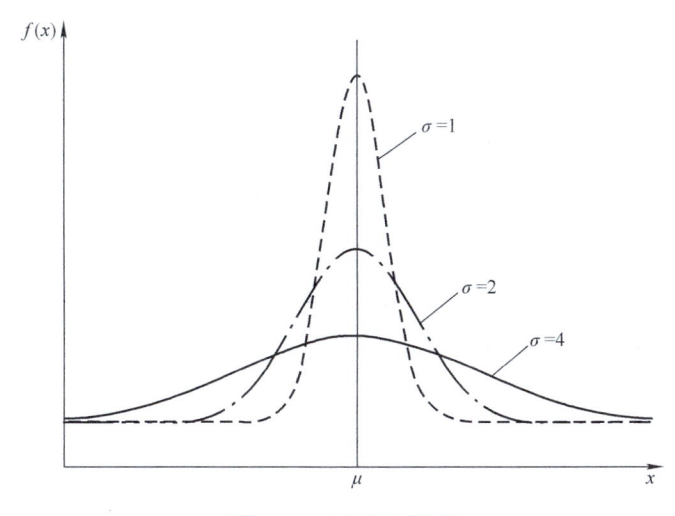

图 1-2　正态分布曲线

如果能求得正态分布的特征参数 μ 和 σ，那么被测量的真值和测量的精密度也就唯一地被确定下来了。然而，μ 和 σ 是当测量次数趋于无穷大时的理论值，而实际测量过程中不可能进行无穷次测量，甚至测量次数也不会很多。那么，如何根据有限次直接测量所获得的一列测定值来估计被测量的真值？如何衡量这种估计的精密度和这一列测定值的精密度？

实际测量样本只是测量"母体"（趋于无穷大）的一部分，称为子样。子样中包含的测量个数称为子样容量，一般是从子样中求取"母体"的特征参数 μ 和 σ 的最佳估计值。

1. 真值的估计

如果容量为 n 的一列子样等精度测定值 $x_1, x_2, \cdots, x_n$ 服从正态分布，则可以根据该列测定值提供的信息，利用最大似然估计方法来估计被测量的真值，而且可以证明，被测量真值的最佳估计值就是各测量值的算术平均值，即

$$\hat{\mu} = \bar{x} = \frac{1}{n}\sum_{i=1}^{n} x_i \tag{1-4}$$

算术平均值是子样的一个统计量，同一"母体"的各个子样，其测量值的平均值也会有差异。所以，测量值的子样算术平均值也是一个随机变量，也服从正态分布。当子样容量 n 趋于无穷大时，$\bar{x}$ 趋于真值 μ。

2. 标准误差的估算

若有限个测量值的真值 μ 未知，则其随机误差 $\delta_i = x_i - \mu$ 也无法求得，只能得到测量值与算术平均值之差 v_i，称为残差或剩余差，即

$$v_i = x_i - \bar{x} \quad (i = 1, 2, \cdots, n) \tag{1-5}$$

可用贝塞尔公式求取"母体"标准误差 σ 的估计值 S，即

$$S = \sqrt{\frac{\sum_{i=1}^{n}(x_i - \bar{x})^2}{n-1}} = \sqrt{\frac{\sum_{i=1}^{n} v_i^2}{n-1}} \tag{1-6}$$

在仪表检定等工作中，如果通过标准仪表或定义点获知了约定真值 μ，则 n 个重复测量值的自由度就是 n，可用下式来计算标准误差的估计值：

$$S = \sqrt{\frac{\sum_{i=1}^{n}(x_i - \mu)^2}{n}}$$

3. 算术平均值的标准误差

如上所述，测量值子样的算术平均值 $\bar{x}$ 是一个服从正态分布的随机变量。可以证明，算术平均值 $\bar{x}$ 的标准误差为

$$S_{\bar{x}} = \frac{S}{\sqrt{n}} \sqrt{\frac{1}{n(n-1)} \sum_{i=1}^{n}(x_i - \bar{x})^2} \tag{1-7}$$

由此可见，测量值子样的算术平均值的标准误差只有测量值 x_i 的标准误差估计值 S 的 $1/\sqrt{n}$。这表明用多次重复测量取得的子样算术平均值作为测量结果，比单次测定值具有更高的精密度，即增加测量次数能提高算术平均值的精密度。但由于是平方根关系，在 n 超过 20 次时，再增加测量次数，所取得的效果就不明显了。此外，很难做到长时间的重复测量而保持测量对象和测量条件的稳定。

4. 测量结果的表示

多次的测量结果一般可表示为：在一定置信概率下，以测量值子样算术平均值为中心，以置信区间半长为误差限的量，即

$$\text{测量结果 } X = \text{子样平均值}\bar{x} \pm \text{置信区间半长}\lambda \;(P = \text{置信概率}) \tag{1-8}$$

1.2.5　间接测量误差分析

间接测量误差不仅与各直接测量量的误差有关，还与两者之间的函数关系有关。间接测量误差分析的任务就在于如何通过已经得到的直接测量量的平均值（也可以是单次测定值）及其误差，估计间接测量量的真值及误差。

1. 误差传播定律

设间接测量量 Y 是可以直接测量的量 $X_1, X_2, \cdots, X_m$ 的函数，其函数关系为

$$Y = F(X_1, X_2, \cdots, X_m) \tag{1-9}$$

假定对 $X_1, X_2, \cdots, X_m$ 各进行了 n 次测量，那么每个 X_i（$i = 1, 2, \cdots, m$）都有自己的一列测定值 $x_{i1}, x_{i2}, \cdots, x_{in}$，其相应的随机误差为 $\delta_{i1}, \delta_{i2}, \cdots, \delta_{in}$。

若将测量 $X_1, X_2, \cdots, X_m$ 所获得的第 j 个测定值代入式（1-9），可求得间接测量量 Y 的第 j 个测定值 y_j

$$y_j = F(x_{1j}, x_{2j}, \cdots, x_{mj})$$

由于测定值 $x_{1j}, x_{2j}, \cdots, x_{mj}$ 与真值之间存在随机误差，所以 y_j 与其真值之间也必有误差，记为 δ_{y_j}。由误差定义，上式可写为

$$Y+\delta_{y_j} = F(X_1+\delta_{1_j}, X_2+\delta_{2_j}, \cdots, X_m+\delta_{m_j})$$

若δ_{m_j}较小，且各个X_i（$i=1,2,\cdots,m$）是彼此独立的量，将上式按泰勒公式展开，取其误差的一阶项作为一次近似，略去一切高阶误差项，那么上式可近似地写成

$$Y+\delta_{y_j} = F(X_1, X_2, \cdots, X_m) + \frac{\partial F}{\partial X_1}\delta_{1_j} + \frac{\partial F}{\partial X_2}\delta_{2_j} + \cdots + \frac{\partial F}{\partial X_m}\delta_{m_j} \quad (1\text{-}10)$$

间接测量量的算术平均值$\bar{y}$就是Y的最佳估计值

$$\bar{y} = \frac{1}{n}\sum_{j=1}^{n} Y+\delta_{y_j} = Y + \frac{1}{n}\sum_{j=1}^{n}\delta_{y_j}$$

$$= F(X_1, X_2, \cdots, X_m) + \frac{\partial F}{\partial X_1}\frac{1}{n}\sum_{j=1}^{n}\delta_{1_j} + \frac{\partial F}{\partial X_2}\frac{1}{n}\sum_{j=1}^{n}\delta_{2_j} + \cdots + \frac{\partial F}{\partial X_m}\frac{1}{n}\sum_{j=1}^{n}\delta_{m_j}$$

式中，$\frac{1}{n}\sum_{j=1}^{n}\delta_{m_j}$恰好是测量$X_m$时所得的一列测定值平均值$\bar{x}_m$的随机误差，记为$\delta_{\bar{x}_m}$，所以

$$\bar{y} = F(X_1, X_2, \cdots, X_m) + \frac{\partial F}{\partial X_1}\delta_{x_1} + \frac{\partial F}{\partial X_2}\delta_{x_2} + \cdots + \frac{\partial F}{\partial X_m}\delta_{x_m} \quad (1\text{-}11)$$

此外，将直接测量$X_1, X_2, \cdots, X_m$时所获得测定值的算术平均值$\bar{x}_1, \bar{x}_2, \cdots, \bar{x}_m$代入式（1-9），并将其在$X_1, X_2, \cdots, X_m$的邻域内用泰勒公式展开，有

$$F(\bar{x}_1, \bar{x}_2, \cdots, \bar{x}_m) = F(X_1+\delta_{x_1}, X_2+\delta_{x_2}, \cdots, X_m+\delta_{x_m})$$

$$= F(X_1, X_2, \cdots, X_m) + \frac{\partial F}{\partial X_1}\delta_{x_1} + \frac{\partial F}{\partial X_2}\delta_{x_2} + \cdots + \frac{\partial F}{\partial X_m}\delta_{x_m} \quad (1\text{-}12)$$

比较式（1-11）与式（1-12），可得

$$\bar{y} = F(\bar{x}_1, \bar{x}_2, \cdots, \bar{x}_m) \quad (1\text{-}13)$$

由式（1-13）可得出结论1：间接测量量的最佳估计值$\bar{y}$可以由与其有关的各直接测量量的算术平均值$\bar{x}_i$（$i=1,2,\cdots,m$）代入函数关系式求得。

由式（1-9）与式（1-10）可知，第j次直接测量$X_1, X_2, \cdots, X_m$时所获得的测定值误差$\delta_{1_j}, \delta_{2_j}, \cdots, \delta_{m_j}$，与其相应的间接测量量$Y$的误差$\delta_{y_j}$之间关系为

$$\delta_{y_j} = \frac{\partial F}{\partial X_1}\delta_{1_j} + \frac{\partial F}{\partial X_2}\delta_{2_j} + \cdots + \frac{\partial F}{\partial X_m}\delta_{m_j} \quad (1\text{-}14)$$

假定δ_{y_j}的分布也为正态分布，那么可求得Y的标准误差

$$\sigma_y = \sqrt{\frac{1}{n}\sum_{j=1}^{n}\delta_{y_j}^2}$$

而

$$\begin{aligned}\sum_{j=1}^{n}\delta_{y_j}^2 &= \sum_{j=1}^{n}\left(\frac{\partial F}{\partial X_1}\delta_{1_j} + \frac{\partial F}{\partial X_2}\delta_{2_j} + \cdots + \frac{\partial F}{\partial X_m}\delta_{m_j}\right)^2 \\ &= \left(\frac{\partial F}{\partial X_1}\right)^2\sum_{j=1}^{n}\delta_{1_j}^2 + \left(\frac{\partial F}{\partial X_2}\right)^2\sum_{j=1}^{n}\delta_{2_j}^2 + \cdots + \left(\frac{\partial F}{\partial X_m}\right)^2\sum_{j=1}^{n}\delta_{m_j}^2 + \\ &\quad 2\left(\begin{aligned}&\frac{\partial F}{\partial X_1}\frac{\partial F}{\partial X_2}\sum_{j=1}^{n}\delta_{1_j}\delta_{2_j} + \frac{\partial F}{\partial X_1}\frac{\partial F}{\partial X_3}\sum_{j=1}^{n}\delta_{1_j}\delta_{3_j} + \\ &\cdots + \frac{\partial F}{\partial X_{(m-1)}}\frac{\partial F}{\partial X_m}\sum_{j=1}^{n}\delta_{(m-1_j)}\delta_{m_j}\end{aligned}\right)\end{aligned}$$

根据随机误差的性质，若各直接测量量 X_i（$i = 1, 2, \cdots, m$）彼此独立，则当测量次数无限增加时，必有

$$\sum_{j=1}^{n}\delta_{i_j}\delta_{k_j} = 0, \quad i \neq k$$

所以

$$\sum_{j=1}^{n}\delta_{y_j}^2 = \left(\frac{\partial F}{\partial X_1}\right)^2\sum_{j=1}^{n}\delta_{1_j}^2 + \left(\frac{\partial F}{\partial X_2}\right)^2\sum_{j=1}^{n}\delta_{2_j}^2 + \cdots + \left(\frac{\partial F}{\partial X_m}\right)^2\sum_{j=1}^{n}\delta_{m_j}^2$$

则

$$\sigma_y = \sqrt{\frac{1}{n}\left(\frac{\partial F}{\partial X_1}\right)^2\sum_{j=1}^{n}\delta_{1_j}^2 + \frac{1}{n}\left(\frac{\partial F}{\partial X_2}\right)^2\sum_{j=1}^{n}\delta_{2_j}^2 + \cdots + \frac{1}{n}\left(\frac{\partial F}{\partial X_m}\right)^2\sum_{j=1}^{n}\delta_{m_j}^2}$$

而 $\frac{1}{n}\sum_{j=1}^{n}\delta_{i_j}^2$ 恰好是第 i 个直接测量量 X_i 的标准误差的平方 σ_i^2，因此可得出间接测量量的标准误差与各直接测量量的标准误差 σ_i 之间的关系：

$$\sigma_y = \sqrt{\left(\frac{\partial F}{\partial X_1}\right)^2\sigma_1^2 + \left(\frac{\partial F}{\partial X_2}\right)^2\sigma_2^2 + \cdots + \left(\frac{\partial F}{\partial X_m}\right)^2\sigma_m^2} \qquad (1\text{-}15)$$

由式（1-15）可得出结论2：间接测量量的标准误差是各独立直接测量量的标准误差和函数，对该直接测量量偏导数乘积的平方和的平方根。

以上两个结论称作误差传播定律，是间接测量误差分析的基本依据。式（1-15）的形式可以推广至描述间接测量量算术平均值的标准误差和各直接测量量算术平均值的标准误差之间的关系：

$$\sigma_{\bar{y}} = \sqrt{\left(\frac{\partial F}{\partial X_1}\right)^2 \sigma_{\bar{x}_1}^2 + \left(\frac{\partial F}{\partial X_2}\right)^2 \sigma_{\bar{x}_2}^2 + \cdots + \left(\frac{\partial F}{\partial X_m}\right)^2 \sigma_{\bar{x}_m}^2} \tag{1-16}$$

最后，应指出以下两点：
① 上述各公式是建立在对每一独立的直接测量量 X_i 进行多次等精度独立测量基础上的，否则，上述公式将不成立。
② 对于间接测量量与各直接测量量之间呈非线性函数关系的情况，上述各式只是近似的，只有当计算 Y 的误差允许作线性近似时才能使用。

2. 误差传播定律在测量系统设计中的应用

误差传播定律不仅可以解决根据各独立的直接测量量及其误差估计间接测量量的真值及其误差的问题，而且对测量系统的设计有着重要意义。如果规定了间接测量结果的误差不能超过某一值，那么可以利用误差传播定律求出各直接测量量的误差允许值，以便满足间接测量量误差的要求。同时，可以根据各直接测量量允许误差的大小选择适当的测量仪表。下面将讨论误差传播定律在测量系统设计中应用的一些原则。

依据误差传播定律，如果间接测量量 Y 与 m 个独立的直接测量量 X 之间有函数关系

$$Y = F(X_1, X_2, \cdots, X_m)$$

则 Y 的标准误差为

$$\sigma_y = \sqrt{\left(\frac{\partial F}{\partial X_1}\right)^2 \sigma_1^2 + \left(\frac{\partial F}{\partial X_2}\right)^2 \sigma_2^2 + \cdots + \left(\frac{\partial F}{\partial X_m}\right)^2 \sigma_m^2}$$

假设 σ_y 已经给定，要求确定 $\sigma_1, \sigma_2, \cdots, \sigma_m$。显然，一个方程，多个未知数，解是不确定的。这样的问题可用工程方法解决。作为第一步近似，采用"等影响原则"，先假设各直接测量量的误差对间接测量结果的影响是均等的。依据这一原则，应有

$$\left(\frac{\partial F}{\partial X_1}\right)\sigma_1 = \left(\frac{\partial F}{\partial X_2}\right)\sigma_2 = \cdots = \left(\frac{\partial F}{\partial X_m}\right)\sigma_m$$

从而

$$\sigma_y = \sqrt{m}\left(\frac{\partial F}{\partial X_i}\right)\sigma_i$$

或者

$$\sigma_i = \frac{\sigma_y}{\sqrt{m}}\left(\frac{1}{\partial F/\partial X_i}\right), \ i=1,2,\cdots,m \tag{1-17}$$

按式（1-17）求得的标准误差 σ_i 并不一定很合理，在技术上也不一定全能实现。因此，在依据等影响原则近似地选择了各直接测量量的误差之后，还要切合实际进行调整。调整的基本原则是：考虑测量仪器可能达到的精度、技术上的可能性、经济上的合理性以及各直接测量量在函数关系中的地位。

对那些技术上难以获得较高测量精度或者需要花费很高代价才能取得较高测量精度的直接测量量，应该放松要求，分配给较大的允许误差。而对那些比较容易获得较高测量精度的直接测量量，则应该提高要求，分配较小的允许误差。

考虑到各直接测量量在函数关系中的地位不同，对间接测量结果的影响也不同，对于那些影响较大的直接测量量，应该视具体情况提高其精度要求。例如，某些以高次幂形式出现的量，应提高对其测量精度的要求，相反，以方根形式出现的量，则可降低要求。

1.2.6 综合误差的计算

测量进行过程中，需要判定其精度是否达到预定的指标，这就需要对测量的全部误差进行综合，以估计各项误差对测量结果的综合影响。若误差算得太小，会使实验达不到要求，而误差人为地算大则会造成浪费，因而正确地计算综合误差，意义十分重大。

1. 误差分析

在计算综合误差时，应对影响测量结果的误差来源进行甄别，做到不遗漏、不重复，抓住主要矛盾。误差常常来源于实验设备、周围环境、实验人员水平和实验方法。

要计算综合误差，需要将各种误差进行合成，不同性质的误差有不同的合成方法。1.2.2 节已经介绍了随机误差、系统误差和粗大误差以及其处理方法：粗大误差完全是因为疏忽所造成的，一经查出必须立即剔除；系统误差可以通过改变实验方法、测量方法等加以消除，但也有部分消除不掉或不必加以消除的系统误差存在；随机误差则必然存在。

（1）随机误差

若测量结果中含有 k 项彼此独立的随机误差，各单项测量的标准误差分别为 $\sigma_1, \sigma_2, \cdots, \sigma_k$，则 k 项独立随机误差的综合效应应该是其平方和的均方根，即综合的标准误差 σ 为

$$\sigma = \sqrt{\sum_{i=1}^{k}\sigma_i^2} \tag{1-18}$$

在计算综合误差时，经常用极限误差来合成。只要测定值子样容量足够大，就可以认为极限误差 $\Delta_i = 3\sigma_i$；若子样容量较小，用 t 分布按给定的置信水平求极限误差更合适，此时

$$\Delta_i = t_P \sigma_i$$

综合的极限误差 Δ 为

$$\Delta = \sqrt{\sum_{i=1}^{k} \Delta_i^2} \qquad (1\text{-}19)$$

实际上，测量结果中总的随机误差，既可以通过分析各项随机误差分别求得各自的极限误差（或标准误差），由式（1-19）来求得，也可以根据全部测量结果（各项随机误差源同时存在）直接求得，两种结果十分接近。一般来说，对不太重要的测量，只需由总体分析直接求总的随机误差，这样做比较简单。对重要的测量，可以通过分析各项随机误差然后合成的方法求总的随机误差，最后再与由总体分析直接求取的总误差进行比较。二者应相等或近似，以此作为对误差综合的校核。逐项分析随机误差，可以看出哪些误差源对测量结果的影响大，以便找到提高测量水平的工作方向。

（2）系统误差

系统误差不是随机的，所以不能按照平方和法来综合。事实上，系统误差应按代数和来综合。这一差别十分重要，不少实验常按平方和法综合所有的误差，这种做法将系统误差的作用估计小了，在系统误差占比较大的测量中是不合适的。

可以证明，如果是交变（忽大忽小）的系统误差，极限误差应按绝对值求和。如果不是交变，而是固定的系统误差，则按代数和进行综合。

（3）粗大误差

粗大误差数值很大，必须予以剔除，事实上由于判断粗大误差的方法都很简便，即使在实验过程中未能避免，在数据处理的过程中将其剔除也是很方便的。反过来，由于其数值很大，没有剔除粗大误差的测量数据所获得的综合误差会大大超过实际情况，造成误判。

2. 误差合成定律

设测量结果中有 k 项独立随机误差，用极限误差表示为

$$\Delta_1, \Delta_2, \cdots, \Delta_k$$

有 m 项变化的系统误差，其极限值（绝对值）分别为

$$e_1, e_2, \cdots, e_m$$

有 l 项固定的系统误差，其值分别为

$$E_1, E_2, \cdots, E_l$$

则测量结果的综合误差（极限误差）为

$$\Delta_\Sigma = \sum_{i=1}^{l} E_i \pm \left(\sum_{j=1}^{m} e_j + \sqrt{\sum_{p=1}^{k} \Delta_p^2} \right) \qquad (1\text{-}20)$$

这就是综合误差的合成定律。有了综合误差这个概念，才能对测量误差建立一个综合的评定标准。

1.3 测量数据处理

1.3.1 有效数字

在测量或实验中，对被测量用几位数字来表示是一件很重要的事情，在对已测得的数据进行处理和计算时，也碰到了同样的问题。有效数字位数与误差有密切的联系，但并不是同一个问题。初学者往往认为在一个数值中，小数点之后的位数越多就越准确，这样的看法是不全面的。小数点后的位数仅与所采用的单位大小有关，其本身并不牵涉到准确度。

例如，零件长度为 323.4mm，若用厘米作为计量单位，小数点后应是两位，即 32.34cm；若用米为计量单位，则小数点后变为四位，即 0.3234m。显然，这三种表示方法说的都是同一个零件长度，准确度也没有任何变化。由于仪表及人的感受器官有限制，读数的位数有一定限度，仅增加其位数是毫无意义的。因此，在测量与计算实践中，关于数字位数的取法，应有一个标准，这就是取舍有效数字的法则。

1. 测量中有效数字位数的取法

一般说来，测量结果准确度绝不能超过仪器所能分辨出的范围。如用五位数字频率计测量汽轮机的转速，频率计最后一位读数是个位，如读数为 10871，最后一位的"1"已是可疑值，可能是"0"，也可能是"2"，此时人为地将读数多估一位，如 10871.3，那就毫无意义了；用普通水银温度计测量大气温度，因为刻度是以摄氏度为单位的，人们的视觉再好也只能估计小数点后一位，如 14.3℃，如果读出 14.33℃ 那也是不符合实际的。前例频率计的有效数字是五位，而水银温度计的有效数字是三位。

测量一个物理量，其读数的有效数字应根据仪表的分辨力定出，一般应保留一位可疑数字，即以仪表最小分格的 1/10 来定。仪表能读出（包括最后一位是估计的）四位只保留三位固然影响精度，但无意义地估计出第五位并不能真正地提高测量精度。

这里还应该特别强调的是"0"在有效数字中的作用：如水银温度计读数正好停在 14℃ 刻度上应记为 14.0℃，意味着此时的温度可能是 13.9℃，也可能是 14.1℃，甚至可能正好是 14℃；如果将这时的温度只记为 14℃，那就代表此时的温度可能是 13℃，也可能是 15℃，可见两者的意义是完全不同的。

也有另外一种情况，如某个零件的长度为 0.00320m，实际意义是 3.20mm，有效数字是三位，若必须以米为度量单位，则应写成 3.20×10^{-3}m，有效数字仍为三位。第一个非"0"数字前的"0"并不能改变有效数字的位数，有效数字的位数是由最左边第一个非零数字开始到全部数字的结尾所包含的位数。

仪表的最小分格应与该测量仪表的精确度有关，根据仪表的读数确定有效数字后，再记录测量数据，从而计算出测量误差。由此可见，有效数字位数和误差是两个不同的概念，不应将其等同起来。

2. 有效数字化整法则

从直接测量取得合适位数有效数字的读数以后，还需进行各种运算。然而，测量的精确度往往是不相等的，因此在运算时还应遵循一定的法则。这些法则可以归纳为：

① 记录测量数值，只保留一位可疑数字。

② 有效数字位数确定后，其余数字一律舍弃，舍弃多采用四舍五入法则。当末位有效数字的后一位等于 5 时，如前一位是奇数，应进一位；如前一位为偶数，则直接舍弃。例如 27.0249 取四位有效数字应为 27.02，如取五位有效数字则为 27.025。但将 27.025 与 27.035 分别取四位有效数字时应为 27.02 与 27.04。

③ 在加减计算时，应将各数小数点后的位数取齐，并等于最少的那个数。例如，将 15.87、−0.0038、56.365、−3.4 代数相加，由于 −3.4 中的 0.4 已为可疑数字，其余数小数点后的第二位已很难影响代数和的值，故取值应变为：15.9、0、56.4、−3.4 代数相加。

④ 在乘法、除法中，各数保留的位数以百分误差最大的为准。如

$$y = 0.0121 \times 25.64 \times 1.05782$$

0.0121 的百分误差为 $\dfrac{1}{121} \times 100\% = 0.82\%$

25.64 的百分误差为 $\dfrac{1}{2564} \times 100\% = 0.04\%$

1.05782 的百分误差为 $\dfrac{1}{105782} \times 100\% = 0.00009\%$

其中，以 0.0121 的百分误差为最大，其有效数字为三位，故应一律取为三位，即

$$y = 0.0121 \times 25.6 \times 1.06 = 0.328$$

⑤ 在对数计算中，所取对数位数与真数的有效位数相等。

⑥ 计算子样平均值时，若子样个数超过 4 个，则平均值有效位数可增加 1 位。

⑦ 表示精确度（误差）时，一般只取一两位有效数字。

1.3.2 数据处理的基本方法

数据处理的目的在于揭示出有关物理量的关系，或找出事物的内在规律性，或验证某种理论的正确性，或为以后的实验准备依据。常用的数据处理方法有列表法、作图法、逐差法和最小二乘法等。

1. 列表法

列表法就是将一组有关的测量数据和相应的计算按测量先后或计算顺序列成表格。列表法的作用有两个方面：一是记录实验数据；二是显示出物理量间的对应关系。其优点是能对大量杂乱无章的数据进行归纳整理，使之有条不紊又简明醒目；既有助于表现物理量之间的关系，又便于及时地检查和发现实验数据是否合理，减少或避免测量错误。列表法是科技工作者最常用的一种处理数据的方法。

一般来讲，在用列表法处理数据时，应遵从如下原则：

① 表格的上方应有表头，并写明所列表格的名称。

② 标题栏要简单明了，便于看出有关量之间的关系，方便进行计算处理。

③ 各标题栏必须标明物理量的名称和单位，名称应尽量用符号表示，单位和数量级应写在该符号的标题栏中。

④ 表格中的数据要能够正确反映测量结果的有效数字。

⑤ 必要时应写明有关参数，并做简要的说明。

2. 作图法

作图法是在坐标纸上用图线来描述各物理量之间关系的一种数据处理方法。其优点是能够形象地、直观地显示各个物理量之间的关系及变化规律，因而其是寻找量与量之间函数关系、寻求经验公式的最常用、最有效的方法之一。把实验数据用图线表示出来的方法称为图示法，利用图线求出经验公式的方法称为图解法。

采用作图法进行数据处理时应遵循如下原则及步骤：

① 选择合适的坐标纸。

② 确定坐标轴的分度值和标记。一般用横轴表示自变量，纵轴表示因变量，并标明各坐标轴所代表的物理量及其单位（可用相应的符号表示）。坐标轴的分度值要根据实验数据的有效数字及对结果的要求来确定。

③ 根据测量所获得的数据，用一定的符号在坐标纸上描出坐标点。通常一张图上画几条实验曲线时，每条曲线应采用不同的标记（如 "◇" "×" "*" 等），以免混淆。

④ 绘制一条与描出的实验点基本相符的图线。图线应尽可能多地通过实验点，由于存在测量误差，某些实验点可能不在图线上，应尽量使其均匀地分布在图线的两侧。图线应是直线、光滑的曲线或折线。

⑤ 注解和说明。应在图上标出图的名称、有关符号的意义和特定的实验条件。

作图法可利用已经作好的图线，定量地求出待测量或待测量和某些参数之间的经验关系式。当图线为直线时，求解其线性关系式的一般步骤为：

① 在图线上选取两个点，所选点一般不用实验点，并用与实验点不同的符号标记，此两点应尽量在直线的两端。如记为 $A(x_1, y_1)$ 和 $B(x_2, y_2)$，并用 "+" 表示实验点，用 "*" 表示选点。

② 根据直线方程 $y = kx + b$，将两点坐标代入，可解出图线的斜率为

$$k = \frac{y_2 - y_1}{x_2 - x_1}$$

③ 求与 y 轴的截距，可解出

$$b = \frac{x_2 y_1 - x_1 y_2}{x_2 - x_1}$$

④ 求与 x 轴的截距，记为

$$x_0 = \frac{x_2 y_1 - x_1 y_2}{y_2 - y_1}$$

对于非线性关系的图线，由于线性关系比非线性关系简单、准确、易于处理、误差小，且直线又是能够高度精确画出的图线，因此在实际工作中，常常将非线性关系通过适当的变换转化为线性关系来处理。即把非直线图线转化为直线图线（称为曲线的改直），然后再图解。表 1-2 所列为几种常用的曲线改直的函数关系，其中 k、a、b 都为常数。

表 1-2　几种常用的曲线改直的函数关系

函数形式	坐标	斜率	截距	应使用的坐标纸
$y = k/x$	$y \sim 1/x$	k	0	直角坐标纸
$y = kx^2 + b$	$y \sim x^2$	k	b	直角坐标纸
$y = kx^{1/2} + b$	$y \sim x^{1/2}$	k	b	直角坐标纸
$y = a^x b$	$\ln y \sim x$	$\ln a$	$\ln b$	单对数坐标纸
$y = ax^k$	$\ln y \sim \ln x$	k	$\ln a$	双对数坐标纸

3. 逐差法

当两个物理量之间存在线性关系 $y = kx + b$ 时，对这两个物理量进行 $2n$ 次测量，获得了一组数据（x_i, y_i），$i = 1, 2, \cdots, 2n$。为了从 $\overline{\Delta y}/\overline{\Delta x}$ 得到 $\overline{k}$，测量时 x 的取值间隔相等，即 Δx 为常量。为了计算相应 y 变化的平均值 $\overline{\Delta y}$，采用逐项相减再求平均值的方法：

$$\overline{\Delta y} = \frac{y_{2n} - y_1}{2n - 1}$$

可见这种方法使中间的测量值全部抵消，只有首、末两次测量值起作用，与 x 一次改变 $(2n-1)\Delta x$ 时单次测量的效果一样。

为了保持多次测量的优越性，将全部实验数据都用上，在 x 以相等间隔 Δx 依次取值时测出 y 的偶数个数据，按顺序分为前后两组，前组是 $y_1, y_2, \cdots, y_n$，后组是 $y_{n+1}, y_{n+2}, \cdots, y_{2n}$。

将这两组数据的对应值逐项相减，得到 x 改变 $n\Delta x$ 时 y 变化的平均值：

$$\overline{\Delta y} = \frac{1}{n}\left[(y_{n+1} - y_1) + (y_{n+2} - y_2) + \cdots + (y_{2n} - y_n)\right]$$

这样处理就利用了全部测量数据。像这样将偶数个实验数据分为前后相等的两部分，逐项取这两部分对应项的差值再求平均值的方法称为逐差法。逐差法主要用于线性关系中求比例系数（斜率），以减小或消除由于仪器的不准确、不稳定、不均匀以及测量过程本身对于线性关系的偏离。

4. 最小二乘法

最小二乘法是一种在多学科领域中获得广泛应用的数据处理方法，利用最小二乘法，可以解决参数的最可信赖值估计、组合测量的数据处理、数据拟合和回归分析等一系列数据处理问题。最小二乘法也称最小平方法，其核心思想是通过最小化误差的平方和，使得拟合对象无限接近目标对象。

从实验数据求经验方程，称为方程的回归问题。所求得的函数关系式称为回归方程。回归分析通常是应用最小二乘法进行求解的。若所求得的回归方程是一元一次线性方程，则所进行的回归分析称为一元线性回归。一元线性回归是最简单最基本的回归分析。由于篇幅限制，本书只介绍最小二乘法一元线性回归分析的求解步骤：

① 确定两变量间的函数关系。为确定两变量间的函数关系，可将测量数据在坐标上描出散点图。观察散点图，以确定两变量间是否大致呈线性关系。

② 求 n 组测量数据中两变量的算术平均值 $\bar{x}$ 和 $\bar{y}$，具体公式如下：

$$\bar{x} = \frac{1}{n}\sum_{i=1}^{n} x_i$$

$$\bar{y} = \frac{1}{n}\sum_{i=1}^{n} y_i$$

③ 求离差平方和 L_{xx}、L_{yy} 和协方差 L_{xy}，具体公式如下：

$$L_{xx} = \sum_{i=1}^{n} x_i^2 - \frac{1}{n}\left(\sum_{i=1}^{n} x_i\right)^2$$

$$L_{yy} = \sum_{i=1}^{n} y_i^2 - \frac{1}{n}\left(\sum_{i=1}^{n} y_i\right)^2$$

$$L_{xy} = \sum_{i=1}^{n} x_i y_i - \frac{1}{n}\left(\sum_{i=1}^{n} x_i\right)\left(\sum_{i=1}^{n} y_i\right)$$

④ 求回归系数，具体公式如下：

$$b_1 = \frac{L_{xy}}{L_{xx}}$$
$$b_0 = \bar{y} - k\bar{x}$$

⑤ 写出回归方程，即

$$\hat{y} = b_0 + b_1 x$$

⑥ 计算残余标准偏差 s，进行回归方程的方差分析，具体公式如下：

$$s = \sqrt{\frac{Q}{n-2}}$$

$$Q = L_{yy} - b_1^2 L_{xx} = L_{yy} - b_1 L_{xy}$$

第2章 压力测量

2.1 压力的概念与表示方法

2.1.1 压力的概念

压力和温度一样,也是反映工质状态的一个重要参数,工程技术中的压力就是物理学中的压强,定义为流体与流体之间或流体与固体之间垂直作用于单位接触面积上的作用力大小,即 1N 的力垂直均匀地作用在 1m² 的面积上所产生的压力。

国际单位制(SI)中压力的单位是帕斯卡(Pascal),用 Pa 表示。目前,工程技术界常用的压力单位有:千克力每平方厘米(kgf/cm^2)、标准大气压(atm)、毫米汞柱(mmHg)、毫米水柱(mmH_2O)、巴(bar)、磅力每平方英寸(Ibf/in^2)等,这几种常用的压力单位与帕斯卡之间的换算关系如下:

$$1kgf/cm^2 = 9.807 \times 10^4 Pa \tag{2-1}$$

$$1atm = 1.013 \times 10^5 Pa \tag{2-2}$$

$$1mmHg = 1.333 \times 10^2 Pa \tag{2-3}$$

$$1mmH_2O = 9.807 Pa \tag{2-4}$$

$$1bar = 1 \times 10^5 Pa \tag{2-5}$$

$$1Ibf/in^2 = 6.895 \times 10^3 Pa \tag{2-6}$$

2.1.2 压力的表示方法

压力的表示方法因其参考零点压力的不同而不同,可以分为绝对压力和表压力。在测量压力时,仪表的指示值等于流体的真实压力(即绝对压力)与当地大气压力之差,称表压力。当绝对压力大于当地大气压力,即表压力为正值时,工程上习惯将正的表压力称为压力或正压，负的表压力称为负压或真空。常用的表压力的概念如下：

1）压差：任意两个压力值的差称为压差，表达式为

$$\Delta p = p_1 - p_2 \tag{2-7}$$

2）大气压力 p_0：地球表面上的空气柱重力所产生的压力称为大气压力。

3）绝对压力 p_a：是以绝对真空为零点起算的压力。

4）表压力 p_g：是以环境大气压力为零点起算的压力。

绝对压力 p_a、表压力 p_g 与当地大气压力 p_0 之间的关系为

$$p_a = p_g + p_0 \tag{2-8}$$

5）正（表）压：又称为正压力，是指绝对压力高于大气压力的表压力，即

$$p_g = p_a - p_0 \tag{2-9}$$

6）负（表）压：又称真空，是指绝对压力低于大气压力的表压力，也叫负压力。

7）真空度 p_v：小于大气压力的绝对压力值称为真空度，表达式为

$$p_v = p_0 - p_a \tag{2-10}$$

8）静态压力：是指不随时间变化的压力，这是一个相对值，一般当每秒压力变化量小于所用压力计分度值的 10% 时，可认为此时所测的压力为静态压力。

9）动态压力：随时间变化的压力称为动态压力。

绝对压力与表压力的关系如图 2-1 所示。

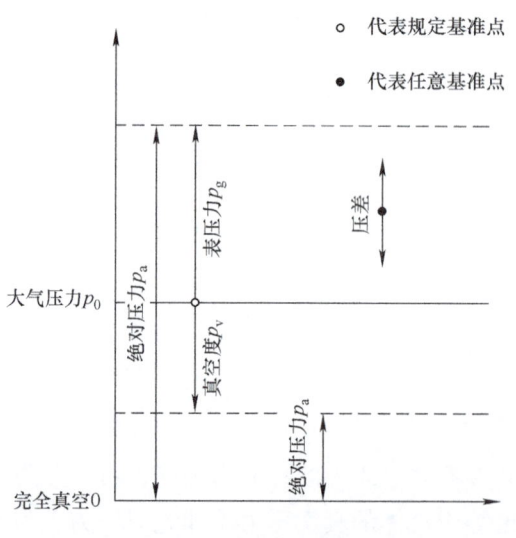

图 2-1　压力关系示意图

2.2　压力测量仪表的分类

2.2.1　液柱式压力计

液柱式压力计作为一种基于液柱静压力与被测压力相平衡原理设计的测量仪器，通过精确测量液柱的高度来间接指示被测压力的大小。其核心原理在于利用特定高度封液（如水、酒精、水银等）所产生的静压力与被测压力达到平衡状态，进而通过读取液柱的高度来直观反映压力值。

此类压力计因其结构简单、读数直观、操作便捷、成本经济且具备较高测量精度而广受青睐。但受限于液柱式压力计结构和显示上的固有特征，其测压上限不高，一般显示的液柱高度上限为 2m。当液柱内的封液为水银时，其测压上限可达到 2000mmHg（1mmHg = 133.322Pa）。液柱式压力计主要适用于小压力、真空及压差的测量。

液柱式压力计可分为 U 形管压力计、单管压力计、多管压力计、斜管微压计、补偿式微压计、差动式微压计、钟罩式压力计和水银气压计等。下面主要介绍 U 形管压力计、单管压力计和斜管微压计。

1. U 形管压力计（压差计）

U 形管压力计如图 2-2 所示，其结构由三部分组成：U 形玻璃管、标尺及管内的工作液体（封液）。U 形管中两个平行的直管又称为肘管。精密的 U 形管压力计有游标对线装置、水准器、铅锤等。

如图 2-2a 所示，取 0—0、1—1 和 2—2 三个截面，在 2—2 截面建立左、右两个肘管的平衡面。设两侧测压管液体上面的流体密度分别为 ρ_1 和 ρ_2，工作液体的密度为 ρ。如图 2-2b 所示，在当地大气压力为 p_B 时，对等压面 2—2 处可列出平衡方程式：

$$p + \rho_1 g(H+h) = \rho_2 g H + \rho g h + p_B \qquad (2\text{-}11)$$

$$p_g = p - p_B = (\rho_2 - \rho_1)gH + (\rho - \rho_1)gh \qquad (2\text{-}12)$$

式中，H 为测压点距大气压力之间的垂直距离（m）；p 为被测压力（Pa）。

如果用 U 形管压力计测量同一介质的两个压差，因 $\rho_1 = \rho_2$，故

$$\Delta p = (\rho - \rho_2)gh \qquad (2\text{-}13)$$

U 形管压力计在测量时要进行两次读数，读数时要注意液体表面的弯月面情况，要求读到弯月面顶部位置处。由于液体在管中受到毛细作用，液面呈弯月状，在确定液面高度时就会出现误差。随着管子内径的增加，弯月面趋向平坦，误差较小。为此，管子内径不应小于某定值。当工作液体为酒精时，最小内径应为 3mm；对于表面张力较大的水和水银，管子内径为 8～12mm，一般选用内径 10mm 的均匀玻璃管做测压管。

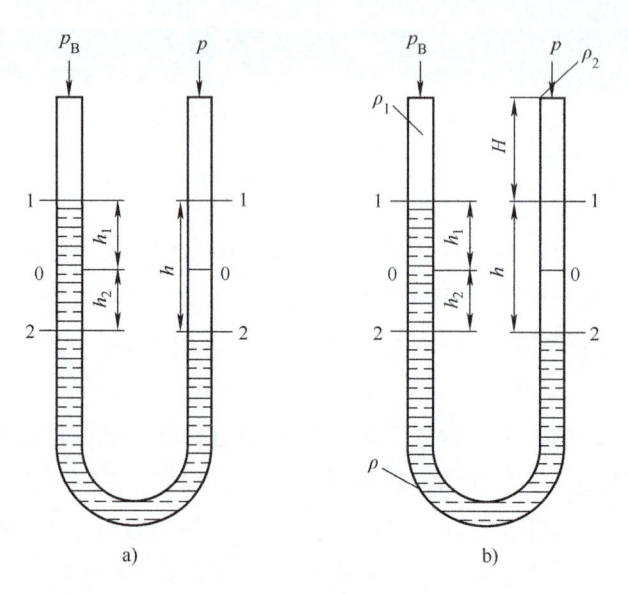

图 2-2 U 形管压力计

U 形管压力计的主要优点是制造简单、工作方便，其主要缺点是读数时要分别读取两端的封液高度，通过相减得到 h 值，因而增加了测量误差。此外，U 形管压力计也不能测量高压。

2. 单管压力计

U 形管压力计需要读两个液面高度，读数很不方便。通常把 U 形管的一根管子换成大截面容器，构成单管压力计，又称杯形压力计，如图 2-3 所示。

其是由一个宽容器（杯形容器）、一支肘管、标尺、封液等构成的。标尺可以是单独的，也可以是直接刻在肘管玻璃上的。作为实验室仪表，一般都是把分度线刻到肘管的玻璃上。单管压力计可以测最小压力、真空及压差等。

其右边杯形容器的内径 D 远大于左边管子的内径 d，由于右边杯形容器内工作液体体积的减小量始终与左边管内工作液体体积的增加量相等，所以右边液面的下降量将远小于左边液面的上升量（即 $h_2 \ll h_1$），有

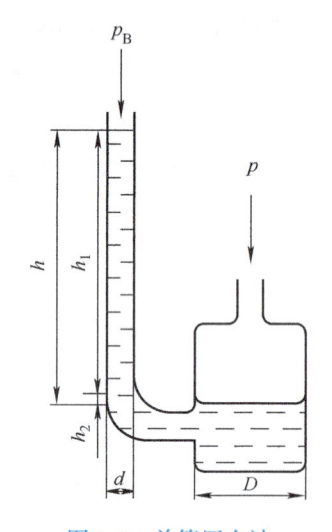

图 2-3 单管压力计

$$\frac{\pi}{4}D^2 h_2 = \frac{\pi}{4}d^2 h_1$$

即

$$h_2 = \frac{d^2}{D^2}h_1 \tag{2-14}$$

单管压力计的工作原理与 U 形管压力计相同。根据流体静力学，将式（2-14）代入式（2-12），得表压力为

$$p_g = \rho g h = \rho g(h_1 + h_2) = \rho g \left(1 + \frac{d^2}{D^2}\right)h_1 \quad （2-15）$$

由于 $D \gg d$，故 $\dfrac{d^2}{D^2}$ 可以忽略不计，则式（2-15）可写成

$$p_g = \rho g h_1 \quad （2-16）$$

单管压力计在测量正压力时，宽容器接被测压力，肘管通大气。测量负压力时，肘管接被测负压，宽容器通大气。测量压差时，宽容器接通压力较高一侧的管子，肘管接通压力较低一侧的管子。若工作液体的密度 ρ 一定，则测量管内工作液体上升的高度即可得知被测压力的大小，也就是说单管压力计只需要一次读数便可得到测量结果。

3. 斜管微压计

斜管微压计是单管压力计的改型，单管倾斜了一个角度，以使液柱高度放大，常用来测量微小的压力和压差，由杯形容器、肘管、弧形支架、标尺、封液等组成，如图 2-4 所示。

斜管微压计的工作原理与 U 形管压力计相同。当被测压力与封液液柱产生的压力平衡时，则有

$$h_1 = l \sin \alpha$$

$$h = h_1 + h_2 = l\left(\sin \alpha + \frac{d^2}{D^2}\right)$$

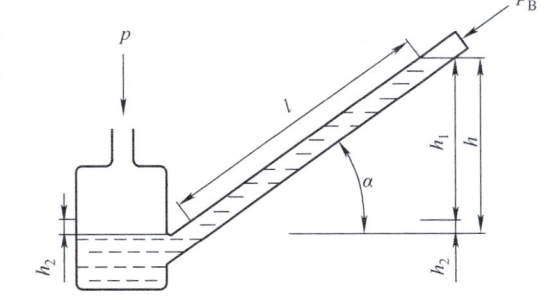

图 2-4 斜管微压计

若 $p > p_B$，则表压力为

$$p_g = \rho g h = \rho g l \left(\sin \alpha + \frac{d^2}{D^2}\right) \quad （2-17）$$

$$p_g = Al \quad （2-18）$$

式中，A 为系数，$A = \rho g \left(\sin \alpha + \dfrac{d^2}{D^2}\right)$；$d$，$D$，$\rho$ 均为定值；若倾斜角 α 也一定，则 A 为常数，所以读出 l 值即可求出压力值。

改变 α 值即可改变 A 值，以此适应不同的测量范围，斜管微压计的适用范围为 100～2500Pa。

在精确测量最微压时，为显著提升测量灵敏度，可将传统的单管微压计调整为测量管倾斜布局，但此倾斜角度 α 需谨慎选择，不宜过小（推荐不小于 15°），以防封液因微小压力波动而分散，导致读数困难并引入额外误差。这种斜管液柱式压力计，即斜管微压计，其优势在于能够精准捕捉并测量低至 0.98Pa 的微小压力变化。

为了进一步精进微压计的测量精度，采用密度较低的酒精作为工作介质。由于测量管采取倾斜安装方式，相较于垂直设置，相同液柱高度下，倾斜设计有效延长了液柱在视线方向上的显示长度。这一创新设计不仅放大了压力变化引起的液面位移，还提升了仪器的灵敏度与精确度，使得微压测量更加细致入微，满足了高精度测量需求。

4. 液柱式压力计的测量误差及其修正

在实际使用时，很多因素都会影响液柱式压力计的测量精度。对某一具体测量问题，有些影响因素可以忽略，有些则必须加以修正。

1）环境温度变化的影响。当液柱式压力计所处的环境温度与规定温度（20℃）存在较大偏差时，标尺的长度和液体的密度都会改变。但是，封液的体膨胀系数比标尺的线膨胀系数大一两个数量级，故只需修正封液密度变化带来的偏差。液柱式压力计两管所测得的高度差 h 按如下公式修正

$$h_{20} = h_T [1 - \alpha_V (T - 20)] \tag{2-19}$$

式中，T 为测量时的实际温度（℃）；h_T 为封液在 T 时的液柱高度（m）；α_V 为封液的体膨胀系数（℃$^{-1}$）。得到其在 20℃时的高度差修正值 h_{20} 后，代入式（2-13）计算被测压力。

2）重力加速度变化的修正。当测量地点的重力加速度偏离标准重力加速度较大时，需要对该因素进行修正，修正公式为

$$g_\varphi = \frac{g_N [1 - 0.00265 \cos(2\varphi)]}{(1 + 2H/R)} \tag{2-20}$$

式中，H，φ 为使用地点海拔（m）和纬度（°）；g_N 为标准重力加速度，其值为 9.80665m/s²；R 为地球公称半径（纬度 45° 海平面处），其值为 6356766m。

$$h_N = h_\varphi g_\varphi / g_N \tag{2-21}$$

式中，h_N 为标准地点封液液柱高度（m）；h_φ 为测量地点封液液柱高度（m）。

3）毛细现象修正。毛细现象使封液表面形成弯月面，这不仅会引起读数误差，而且会引起液柱的升高或降低。这种误差与封液的表面张力、管径、管内壁的洁净度等因素有关，难以精确得到。

液柱式压力计在精确度上受到如刻度精度、读数方式以及安装条件等引发的误差制约。为确保准确读数、减小误差，操作者在观察时应确保视线与封液弯月面的最高点或最低点保持水平一致，并遵循切线方向进行读取，以减少视觉误差。对于 U 形管压力计和单管压

力计而言，这两种压力计须遵循垂直安装的原则，偏离垂直位置的情况可能导致显著的测量误差，影响数据的可靠性。

2.2.2 弹性式压力计

弹性式压力计作为工业生产中应用最为普遍的测量工具，以其结构简单、操作便捷、性能稳定且经济实惠的特性，广泛适用于气体、各类液体（如油、水）及蒸汽等介质的压力检测。其测量范围极为广泛，覆盖了从低至几十 Pa 到高达几十 GPa 的压力区间，能够精确测量正压、负压以及压差，满足了多样化的工业需求。

这类压力计的核心在于其多样化的弹性元件设计，这些元件在受到压力作用时会发生形变（包括压缩或拉伸），进而通过精密的传动机构将这一形变转化为指针的位移，直接指示出当前的压力值。此外，弹性元件的形变还可以被转换为电信号，通过集成电气元件构成的变送器实现压力信号的远程传输，极大地拓宽了压力监测的灵活性和应用范围。

目前常见的测压用弹性元件有膜式、波纹管式和弹簧管式三类，其常用青铜、磷青铜、不锈钢等材料制成。

1. 膜式压力计

膜式压力计利用弹性膜片受压时产生弯曲变形的原理来传递压力信号，可测量微小的压力信号，因而可作为真空表和微压计使用。膜式压力计分膜片压力计和膜盒压力计两种，前者主要用于测量腐蚀性介质或非凝固、非结晶黏性介质的压力，后者常用于测量气体的微压和负压。其敏感元件分别是膜片和膜盒。

（1）膜片压力计

膜片可分为弹性膜片和挠性膜片两种。图 2-5 所示为常见的膜片形式，主要有平膜、波纹膜和挠性膜三种。常用的弹性波纹膜片是一种压有环状同心波纹的圆形薄片，通入压力后，膜片将向压力低的一面弯曲，其中心产生一定的位移（即挠度），通过传动机构带动指针转动，指示出被测压力。挠性膜与其他两种测压原理不同，挠性膜中膜片的主要作用是隔离介质，而传递压力信号的工作则由弹簧完成。

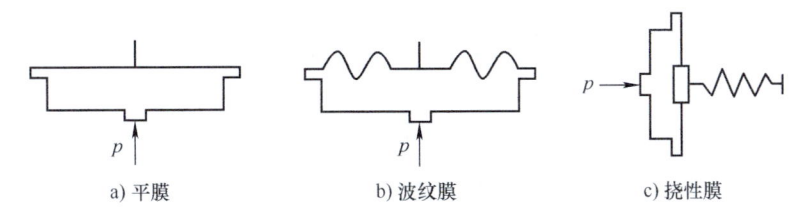

a) 平膜　　b) 波纹膜　　c) 挠性膜

图 2-5　膜片形式

图 2-6 所示为一种膜片压力计的工作原理。其工作原理简述如下：当待测介质通过特定接头进入膜室后，膜片的下部直接承受该介质的压力，而上部则保持与大气压力相通，由此产生的压力差将导致膜片发生向上的位移。膜片中心固定的球铰链 5 和顶杆 6 将此位

移传递至传动齿轮 8 并驱动其旋转。传动齿轮 8 的旋转动作带动固定在轴上的指针 9 同步转动，最终，在刻度盘上可读出与介质压力相对应的数值。

膜片压力计的一大显著优势在于当测量黏度较高的介质时，其测量效果尤为出色。此外，为了进一步提升其测量能力，膜片的下盖部分可采用不锈钢等耐腐蚀材料制造，或在内侧涂覆如 F-3 氟塑料等保护层，从而有效抵御腐蚀性介质的侵蚀，确保测量过程的准确性和仪器的长期稳定性。

（2）膜盒压力计

膜盒压力计将两片金属膜片焊接成膜盒，甚至可串接多个膜盒，以此来增大中心位移，提升仪表灵敏度。在图 2-7 中，其核心部件——膜盒 4，由两个同心波纹膜片构成，在被测介质从管接头 16 引入波纹膜盒，受压时扩张产生位移。此位移通过弧形连杆 8，带动杠杆架 11 使固定在调零板 6 上的转轴 10 转动，通过连杆 12 和杠杆 14 驱使指针轴 13 转动，固定在转轴 10 上的指针 5 在刻度板 3 上指示出压力值。

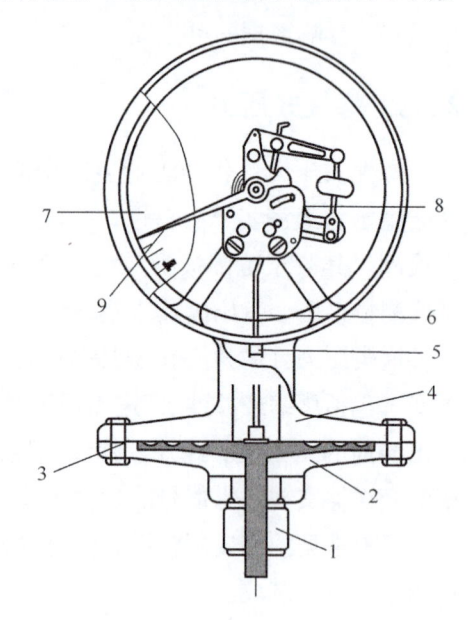

图 2-6 膜片压力计

1—接头 2—膜片下盖 3—膜片
4—膜片上盖 5—球铰链 6—顶杆
7—表壳 8—传动齿轮 9—指针

为确保测量精度，指针轴 13 上装有游丝 15，能有效消除传动间隙。同时，调零板 6 背面设有限位螺钉 7，防止膜盒过度膨胀受损。此外，杠杆架 11 上连接的双金属片 9 用于补偿温度变化对金属膜盒的影响，确保测量结果的稳定性。在机座 2 下面装有调零螺杆 1，旋转调零螺杆 1 可将指针 5 调至初始零位。

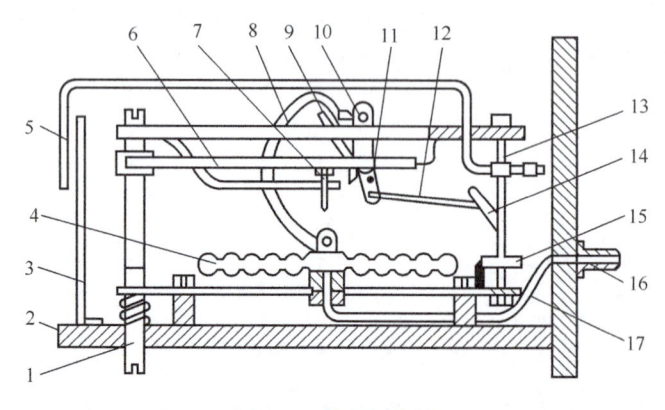

图 2-7 膜盒压力计

1—调零螺杆 2—机座 3—刻度板 4—膜盒 5—指针 6—调零板 7—限位螺钉 8—弧形连杆 9—双金属片
10—转轴 11—杠杆架 12—连杆 13—指针轴 14—杠杆 15—游丝 16—管接头 17—导压管

2. 波纹管式压力计

波纹管是外周沿轴向有深槽形波纹状皱褶，可沿轴向伸缩的薄壁管子。其受压时的线性输出范围比受拉时大，故常在压缩状态下使用。为了改善仪表性能，提高测量精度，便于改变仪表量程，实际应用时波纹管常和刚度比其大几倍的弹簧结合起来使用。这时，其性能主要由弹簧决定。

波纹管式压力计以波纹管为感压元件来测量压差信号，在结构上可分为单波纹管和双波纹管两种，在压力的作用下，其膜面产生的机械位移量不是依靠膜面的弯曲形变，而是主要依靠波纹柱面的舒展或屈服来带动膜面中心作用点的移动。下面以双波纹管压力计为例来说明此类压力计工作原理。

图 2-8 所示是双波纹管压力计结构示意图。连接轴 1 稳固安装于波纹管 B_1 与 B_2 共用的刚性端盖上，两波纹管刚性相连。B_1 与 B_2 通过阻尼环 11 与中心基座 8 间的环形通道及中心基座上的阻尼旁路 10 相互连通。量程弹簧组 7 设置于低压室，其一端连接于连接轴 1，另一端固定于中心基座 8。当被测压差引入，B_1 受压收缩，填充液经环形间隙与阻尼旁路 10 流向 B_2 并使其伸长，同时拉伸量程弹簧组 7，直至 B_1 与 B_2 两端面所受压力与弹簧及波纹管弹性力达到动态平衡。此时，连接轴系统偏向低压侧，带动挡板 3、摆杆 4，进而使扭力管 5 旋转，心轴 6 随之扭转，其转角反映压差大小。

波纹管 B_3 设有小孔与 B_1 相通，用于温度补偿：温度波动导致 B_1、B_2 内填充液体积发生变化，多余或缺失的填充液可通过小孔在 B_3 中进出，维持系统稳定。阻尼阀 9 调节阻尼旁路 10 中填充液 12 的流速，防止仪表响应滞后或压差波动引发系统的不稳定。单向受压保护阀 2 则确保仪表在极端压差或单向受压条件下不致损坏。

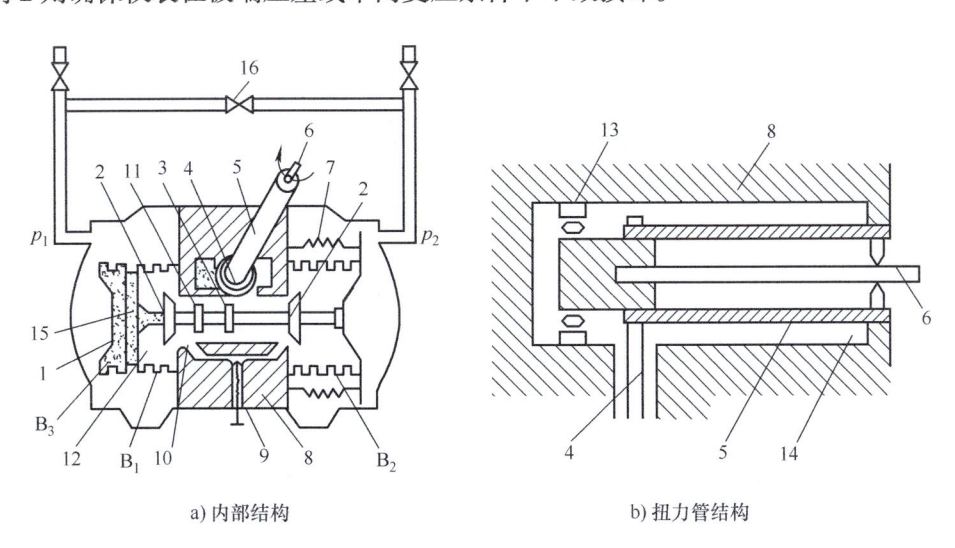

a) 内部结构　　　　　　　　b) 扭力管结构

图 2-8　双波纹管压力计结构示意图

1—连接轴　2—单向受压保护阀　3—挡板　4—摆杆　5—扭力管　6—心轴　7—量程弹簧组　8—中心基座
9—阻尼阀　10—阻尼旁路　11—阻尼环　12—填充液　13—滚针轴承　14—玛瑙轴承　15—隔板　16—平衡阀
B_1～B_3—波纹管

3. 单圈弹簧管式压力计

如图 2-9 所示,单圈弹簧管式压力计由弹簧管、齿轮传动机构、指针、刻度盘组成。弹簧管是弹簧管式压力计的主要元件。弯曲的弹簧管是一根空心的管子,其自由端是封闭的,固定端焊在仪表的外壳上,并与管接头相通。

弹簧管的横截面呈椭圆形或扁圆形。当其内腔接入被测压力后,在压力作用下会发生变形。短轴方向的内表面积比长轴方向的大,因而受力也大。当管内压力比管外大时,短轴要变长些,长轴要变短些,管子截面趋于更圆,产生弹性变形。由于短轴方向与弹簧管圆弧形的径向一致,变形使自由端向管子伸直的方向移动,产生管端位移量,通过拉杆带动齿轮传动机构,使指针相对于刻度盘转动。当变形引起的弹性力与被测压力产生的作用力平衡时,变形停止,指针指示出被测压力值。

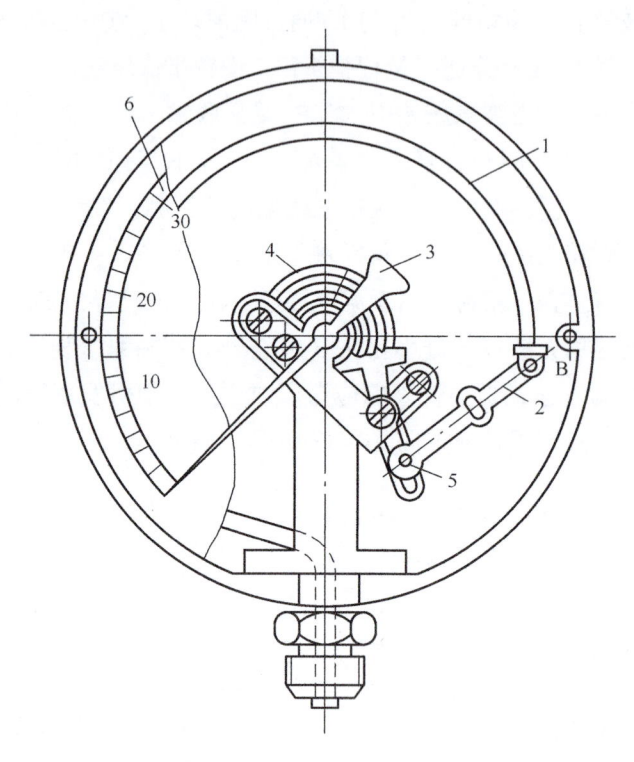

图 2-9 单圈弹簧管式压力计

1—弹簧管 2—拉杆 3—指针 4—游丝 5—放大调节螺钉 6—刻度盘

单圈弹簧管自由端的位移量不能太大,一般不超过 2～5mm。为了提高弹簧管的灵敏度,增加自由端的位移量,可采用回形(S 形)弹簧管或螺旋形弹簧管。

齿轮传动机构的作用是把自由端的线位移转换成指针的角位移,使指针能明显地指示出被测值。其上面还有可调螺钉,用以改变连杆和扇形齿轮的铰合点,从而改变指针的指示范围。转动轴处装着一根游丝,用来消除齿轮啮合处的间隙。齿轮传动机构的传动阻力要尽可能小,以免影响仪器的精度。

单圈弹簧管式压力计的精度，普通级是 1～4 级，精密级是 0.1～0.5 级。测量范围从真空到 10^9Pa。为了保证单圈弹簧管式压力计的指示正确和长期使用，应使仪表工作在正常允许的压力范围内。对于波动较大的压力，仪表的示值应经常处于量程范围的 1/2 附近；被测压力波动小，仪表示值可在量程范围的 2/3 左右，但被测压力值一般不应低于量程范围的 1/3。另外，还要注意仪表的防振、防爆、防腐等问题，并要定期校验。

4. 弹性压力计的误差及改善途径

由于环境因素、仪表结构、加工精度及弹性材料性能的局限，它们共同作用于压力测量，会引入多种误差源。具体而言，同一弹性元件在相同压力下，正反行程变形差异导致迟滞误差；其变形响应滞后于压力变化，引发弹性后效误差；仪表活动部件间的间隙使得示值无法精确反映元件变形，产生间隙误差；部件间摩擦则进一步引入摩擦误差；而环境温度波动改变金属弹性模量，造成温度误差。这些误差因素交织，使得普通弹性压力计难以达到 0.1% 的高精度要求。

提高弹性压力计精度的主要途径有：采用新转换技术，减少或取消中间传动机构；限制弹性元件位移量；采用合适制造工艺等。

2.2.3 电气式压力传感器和变送器

电气式压力检测仪表利用压力敏感元件（简称压敏元件）将被测压力转换成各种电量信号，包括但不限于电阻变化、频率输出或电荷量的增减。此类转换机制赋予了电气式压力检测仪表静态与动态测量性能，确保了其宽广的量程覆盖与良好的线性关系，便于压力参数的自动化控制与管理，尤其在应对快速压力变化、极端高真空环境以及超高压条件下的测量任务时有明显优势。电气式压力检测仪表主要有压电式压力计、电阻式压力计等。

1. 压电式压力计

压电式压力计是基于某些电介质的压电效应原理制成的。其主要用于测量内燃机气缸、进排气管内的压力，航空领域高超音速风洞中的冲击波压力，枪、炮膛中击发瞬间的膛内压力变化和炮口冲击波压力，以及瞬间压力峰值等。

（1）压电效应

当晶体遭受外部压力而发生机械形变（无论是压缩还是拉伸）时，其两个相对的表面会产生电荷分离现象，即一侧累积正电荷，另一侧则带有负电荷，并伴随电压的生成。一旦外力撤除，形变即刻恢复，表面电荷亦随之消散，晶体回归至初始的无电状态。这一现象称之为压电效应。压电式压力传感器正是运用这一效应，实现将压力精准地转换为电信号，从而实现了对压力的精确测量。

能够展现压电效应的材料，根据其来源与结构特性，可划分为两类：一类是源自自然或人工合成的单晶材料，如石英与酒石酸钾钠；另一类则是人工制备的多晶体——压电陶瓷，典型代表包括钛酸钡与铬钛酸铅。石英晶体以其卓越的稳定性脱颖而出，其介电常数与压电系数在常温环境下几乎不受温度变化的影响，展现出极高的温度稳定性。另外，其机械强度高，绝缘性能好，但价格昂贵，一般只用于精度要求很高的传感器中。相比之下，压电陶瓷在受到外力作用时，能在垂直于极化方向的平面上高效地产生电荷，且电荷量与压电系数及作用力之间呈现出正比关系，压电陶瓷的压电系数也比石英晶体的大，且价格便宜，因此被广泛用作传感器的压电元件。

下面以石英晶体为例来说明压电效应及其性质。图 2-10a 所示是石英晶体的外形，是正六面体。其压电特性可通过三根相互垂直的轴来界定：光轴 z-z 沿晶体纵向，电轴 x-x 穿越正六面体的棱线并与光轴垂直，而机械轴 y-y 则垂直于棱面，同时与光轴和电轴均保持垂直，如图 2-10b 所示。当外力沿电轴 x-x 方向作用时，激发的电荷分离现象即为纵向压电效应；若外力作用于机械轴 y-y 方向，则产生横向压电效应。

注意：若外力沿光轴 z-z 方向作用，则石英晶体不会产生压电效应。

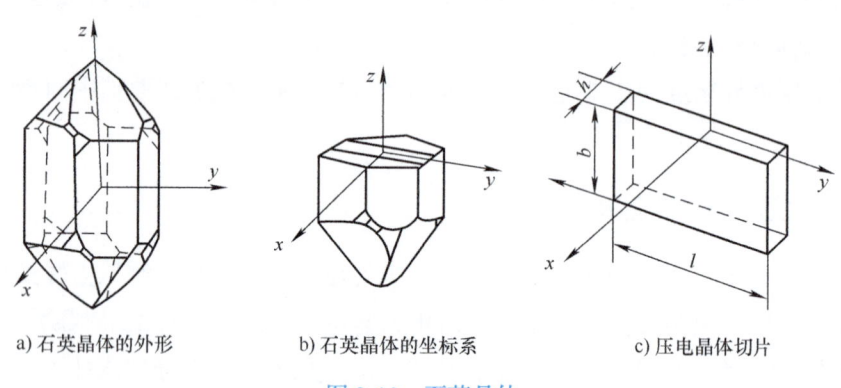

a) 石英晶体的外形　　b) 石英晶体的坐标系　　c) 压电晶体切片

图 2-10　石英晶体

从晶体上沿 y-y 轴方向切下一片薄片称为压电晶体切片，如图 2-10c 所示。当晶体切片在沿 x 轴的方向上受到压力 F_x 作用时，晶体切片将产生厚度变形，并在与 x 轴垂直的平面上产生电荷 Q_x，其和压力 p 的关系为

$$q_x = k_x F_x = k_x A p \quad (2-22)$$

式中，q_x 为压电效应所产生的电荷量（C）；k_x 为晶体在电轴 x-x 方向受力的压电系数（C/N）；F_x 为沿晶体电轴 x-x 方向所受的作用力（N）；A 为垂直于电轴加压的有效面积（m²）。

从式（2-22）可以看出，当晶体切片受到 x 方向的压力作用时，q_x 与作用力 F_x 成正比，而与晶体切片的几何尺寸无关。当受力方向和变形不同时，压电系数 k_x 也不同。

（2）压电式压力传感器

图 2-11 所示为压电式压力传感器的结构示意

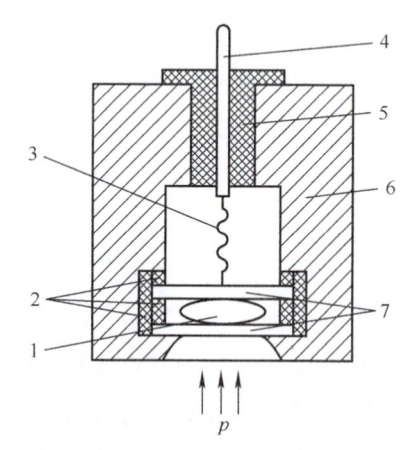

图 2-11　压电式压力传感器的结构示意图

1—压电元件　2，5—绝缘体　3—弹簧
4—引线　6—壳体　7—膜片

图，压电元件被夹持于两片功能相同的弹性膜片之间。膜片负责将分散的压力汇聚为集中力，并传递给压电元件。压电元件一侧紧贴膜片并接地，另一侧则通过导线导出产生的电荷。弹簧的引入为压电元件施加预紧力，以调节传感器的响应灵敏度。当膜片均匀受力时，压电元件表面生成电荷，其量值经电荷或电压放大器放大后，转化为电压或电流信号输出，且与所受压力成正比。

调整测量范围可通过更换压电元件实现。若采用电荷放大器，可通过并联多个压电元件提升传感器的灵敏度；而若选用电压放大器，则通过串联压电元件来达到同样增强灵敏度的效果。

压电式压力传感器产生的信号非常微弱，输出阻抗很高，必须经过前置放大，把微弱的信号放大，并把高输出阻抗变换成低输出阻抗，才能为一般的测量仪器所接受。压电式压力传感器一般用于动态压力测量，被测压力变化的频率太低、环境温度和湿度的改变都会改变传感器的灵敏度，造成测量误差。另外，压电陶瓷的压电系数是逐年降低的，故压电式压力传感器应定期校正其灵敏度，以保证测量精度。

2. 电阻式压力计

（1）测量原理

电阻式压力计的工作原理基于压阻效应：金属与半导体材料在受压力或拉力时，其几何形态与电阻率均改变，导致电阻值随之改变。通过监测电路中电阻值的变化，即可推算出所受的力。

$$R = \rho \frac{L}{A}$$

式中，ρ 为电阻的电阻率（$\Omega \cdot m$）；L 为电阻的轴向长度（m）；A 为电阻的横向截面积（m^2）。

当电阻丝在拉力（压力）F 作用下时，长度 L 增加，横向截面积 A 减小，电阻率 ρ 也会相应变化，这些将引起电阻值的变化，其相对变化量为

$$\frac{\Delta R}{R} = \frac{\Delta \rho}{\rho} + \frac{\Delta L}{L} - \frac{\Delta A}{A} \qquad (2-23)$$

对于半径为 r 的电阻丝，截面积 $A = \pi r^2$，由材料力学可知

$$\frac{\Delta A}{A} = 2\frac{\Delta r}{r} = -2\mu \frac{\Delta L}{L} \qquad (2-24)$$

式中，μ 为电阻材料的泊松比。

电阻轴向长度的相对变化量称为应变，一般用 ε 表示，即 $\varepsilon = \Delta L / L$。则电阻的相对变化量可写成

$$\frac{\Delta R}{R} = (1 + 2\mu)\varepsilon + \frac{\Delta \rho}{\rho} \qquad (2-25)$$

金属材料电阻率的变化小，电阻主要受几何尺寸变化的影响大，基于此应变效应制成金属电阻应变片，用于应变片式测压计；而半导体材料则显著依赖压阻效应，制成半导体应变片，应用于压阻式测压计。

（2）应变片式测压计

应变片式测压计有多种结构，BPR-2 传感器是其中一种，其独特结构如图 2-12a 所示，特点在于被测压力不直接作用于应变片覆盖的弹性元件，而是通过膜片转换为集中力传递至测力应变筒。此力导致应变筒发生轴向受压变形，其上粘贴的应变片随之感应变形。

应变筒的上端与外壳固定在一起，其下端与不锈钢密封膜片紧密接触。当被测压力 p 作用于不锈钢密封膜片而使应变筒做轴向受压变形时，应变筒外壁上的 R_1 应变片（轴向贴放，作为测量片）因轴向压缩而阻值减小，R_4 应变片（径向贴放，作为温度补偿片）则因拉伸变形而阻值增大，且 R_1 的阻值减小幅度超过 R_4 的增大。测量电路采用电桥形式，如图 2-12b 所示，其中 R_2 与 R_3 为固定电阻且阻值相等，而 R_5 和可调滑动电阻 R_6 则用于调零操作。

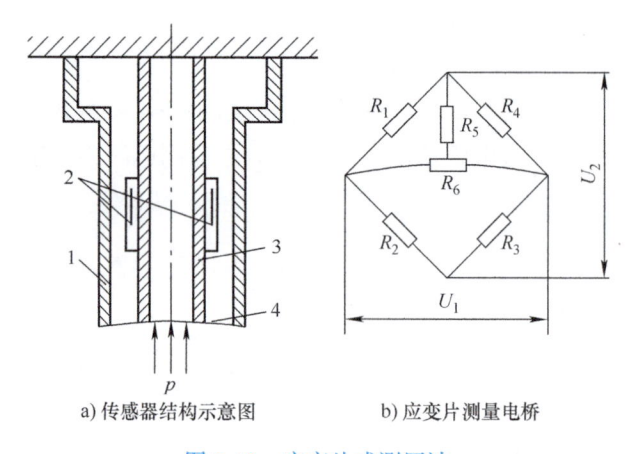

a) 传感器结构示意图　　b) 应变片测量电桥

图 2-12　应变片式测压计

1—外壳　2—应变片　3—应变筒　4—密封膜片

此外，也可采用 4 片应变片组成电桥，每片处在同一电桥的不同桥臂上，温度升降将使这些应变片电阻同时增减，从而不影响电桥平衡。当有压力时，相邻两臂的阻值一增一减，使电桥有较大的输出。但尽管这样，应变片式测压计仍然有比较明显的温漂和时漂。因此，这种测压计多用于动态压力检测中。

另有一种设计采用 4 片应变片组成电桥，各片分布于不同桥臂，确保温度变化时电阻也同步变化，用以维持电桥平衡。压力作用时，相邻桥臂应变片阻值反向变化，显著提升电桥输出。然而，应变片式测压计仍面临温漂和时漂问题，故更适用于动态压力检测场景。

3. 压阻式测压计

金属电阻应变片优势显著，其最大局限在于灵敏系数偏低。相比之下，半导体应变片的灵敏系数高出金属电阻约 50 倍。压阻式测压计则利用了半导体材料的压阻效应——即在外力作用下电阻率发生变化的特性,实现了对微小应变的直接高精度测量。

(1) 工作原理

半导体受外部应力时,压阻效应致电阻变化受材料类型、载流子浓度及应力作用方向的共同影响。通过沿最优晶轴方向(即压阻效应最大化方向)切割半导体成条制成应变片,并限制其仅纵向受力,可确立外部应力与半导体电阻率相对变化关系:

$$\frac{\Delta\rho}{\rho} = \pi\sigma \quad (2\text{-}26)$$

式中,π 为半导体应变片的压阻系数(Pa^{-1});σ 为纵向所受应力(Pa)。

由胡克定律可知,材料受到的应力和应变之间的关系为

$$\sigma = E\varepsilon \quad (2\text{-}27)$$

式中,ε 为半导体应变片的纵向应变。

将式(2-27)代入式(2-26),得

$$\frac{\Delta\rho}{\rho} = \pi E\varepsilon \quad (2\text{-}28)$$

上式说明半导体应变片的电阻变化率 $\Delta\rho/\rho$ 正比于其所受的纵向应变 ε。将式(2-28)代入式(2-25),得

$$\frac{\Delta R}{R} = (1+2\mu+\pi E)\varepsilon \quad (2\text{-}29)$$

设 $K = 1+2\mu+\pi E$,定义 K 为应变片灵敏系数。对于半导体应变片,压阻系数 π 很大,为 50~100,故半导体应变片以压阻效应为主,其电阻的相对变化率等于电阻率的相对变化,即 $\Delta R/R = \Delta\rho/\rho$。

(2) 压阻式传感器

将具有压阻效应的半导体材料转化为粘贴式应变片,用于压力检测。随着半导体集成工艺的精进,特别是扩散技术的应用,敏感元件与应变材料融合诞生了扩散型压阻式传感器,也称为扩散硅压阻式传感器,其应变电阻与基底材质均选用半导体材料——硅,其集测量与弹性功能于一身,形成了高自振频率的压力检测器。在半导体基片上可轻易集成温度补偿、信号处理及放大电路,形成一体化的集成传感器或变送器。扩散硅压阻式传感器自问世以来便广受瞩目,发展迅速。

图 2-13a 直观展示了扩散硅压阻式传感器的构造,其核心在于一块圆形单晶硅膜片,兼具压力敏感与弹性形变两种特性。通过半导体制造工艺中的扩掺杂工艺,膜片上精准布置了 4 个等阻值电阻,构成精密平衡电桥,相对桥臂电阻布局对称,经压焊技术稳固连接外部引线。膜片被固定于圆形硅基上,并由双气腔分隔,一侧为高压腔,直接对接被测对象;另一侧为低压腔,依据测量需求,或连通大气以测表压,或连接被测对象的低压端以

测压差。压差作用下，膜片形变引发应力，促使扩散电阻阻值变动，电桥失衡，从而输出与压差成正比的电压信号。为了补偿温度效应的影响，特别在膜片上增设了温度补偿电阻，该电阻位于对压力不敏感的径向位置，仅响应温度变化，不参与压力承受，接入电桥后可有效抵消温度影响，确保测量结果的准确性。

由于硅膜片是各向异性材料，其压阻效应大小与作用力方向有关，所以在硅膜片承受外力时，必须同时考虑其纵向（扩散电阻长度方向）压阻效应和横向（扩散电阻宽度方向）压阻效应。鉴于硅膜片在受压时的形变非常微小，其弯曲的挠度远远小于硅膜片厚度，而硅膜片一般是圆形的，因而其压力分布可近似为弹性力学中的小挠度圆形板。

设均匀分布在硅膜片上的压力为 p，则硅膜片上各点的应力与其半径 r 的关系为

$$\sigma_r = \frac{3p}{8h^2}\left[r_0^2(1+\mu)^2 - r^2(3+\mu)\right] \quad （2\text{-}30）$$

$$\sigma_\tau = \frac{3p}{8h^2}\left[r_0^2(1+\mu)^2 - r^2(1+3\mu)\right] \quad （2\text{-}31）$$

式中，σ_r，σ_τ 为半导体应变片所承受的径向、切向应力（Pa）；h 为硅膜片厚度（m）；r_0 为膜片工作面半径（m）；r 为应力作用半径，即扩散电阻距硅膜片中心的距离（m）；μ 为泊松比，硅的泊松比为 0.35。

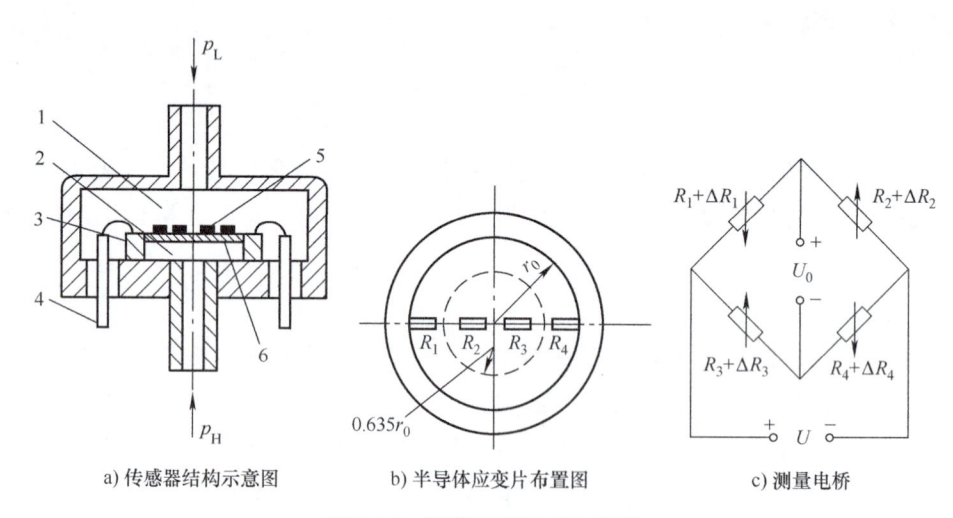

图 2-13 扩散硅压阻式传感器

1—低压腔　2—高压腔　3—硅杯　4—引线　5—扩散电阻　6—硅膜片

由式（2-30）和式（2-31）可见，应力 σ_r 和 σ_τ 达到最大值，随着 r 增加，σ_r 和 σ_τ 逐渐减小。当 $r = 0.635r_0$ 或 $r = 0.812r_0$ 时，σ_r 和 σ_τ 分别为零。此后随着 r 的进一步增加，σ_r 和 σ_τ 进入负值区，直至 $r = r_0$，σ_r 和 σ_τ 分别达到负最大值。说明均匀分布压力 p 所产生的应力是不均匀的，且存在正应力区和负应力区。

利用这一特性，在硅膜片上选择适当的位置布置电阻，如图 2-13b 所示。使 R_1 和 R_4

布置在负应力区，R_2 和 R_3 布置在正应力区，让这些电阻在受力时阻值有增有减，并且在接入电桥的四阻臂中，使阻值增加的两个电阻与阻值减小的两个电阻分别相对，如图 2-13c 所示。这样不但提高了输出信号的灵敏度，又在一定程度上消除了阻值随温度变化而变化所带来的不良影响。

4. 电容式压力变送器

压力变送器主要由测压元件传感器（也称为压力传感器）、测量电路和过程连接件组成。其能将测压元件传感器感受到的气体、液体等物理压力参数转变成标准的电信号（如 DC 4～20mA 等），以供给指示警报仪、记录仪、调节器等二次仪表进行测量、指示和过程调节，也可用以测量压力或压差。

电容式压力变送器由电容器组成，电容器的电容量由两个极板的大小、形状、相对位置和电介质的介电常数决定。

（1）基本原理

两个平行极板组成的电容器，如不考虑边缘效应，其电容量为

$$C = \frac{\varepsilon S}{d} \tag{2-32}$$

式中，C 为平行极板的电容量（F）；d 为平行极板间的距离（m）；ε 为平行极板间的介电常数（F/m）；S 为极板面积（m^2）。

电容式压力与压差变送器利用弹性膜片的微小位移来触发电容量的变化，进而实现对压力及压差的精确测量。图 2-14 所示为差动式电容压力变送器结构，该结构由左右对称的不锈钢基座构成，基座外缘焊接有波纹密封隔离膜片，确保系统的密封性与稳定性。基座内部设有玻璃绝缘层，并开凿中心小孔。玻璃绝缘层的内侧，其凹形球面除边缘区域，均匀覆盖有金属薄膜，作为固定极板。中间被夹紧的弹性膜片作为可动测量极板，上、下面固定极板和可动测量极板组成了两个电容器，其信号经引线引出。这两个电容器共享同一测量极板，

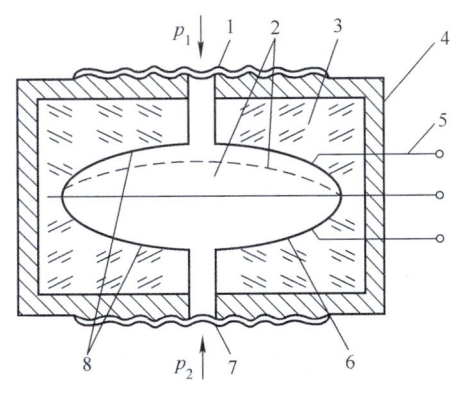

图 2-14 差动式电容压力变送器结构

1,7—波纹密封隔离膜片　2—可动测量极板
3—玻璃绝缘层　4—基座　5—引线
6—硅油　8—固定极板

却分别拥有独立的固定极板，将空间划分为上、下两个独立腔室，腔内填充有硅油。硅油因其具有不可压缩性和良好的流动性，成为传递压力差信号的理想介质。当两侧的波纹密封隔离膜片感受到不同的压力（如 $p_2 > p_1$）时，硅油会迅速将这一压差传递至弹性测量膜片的两侧，驱动其发生相应的位移（图 2-14 虚线）。

随着波纹密封隔离膜片的移动，一个电容器的极距相应减小，电容量增大；而另一个

电容器的极距则增大，电容量随之减小。每个电容器的电容变化量分别为

$$\Delta C_1 = \frac{\varepsilon S}{d - \Delta d} - \frac{\varepsilon S}{d} = C_0 \frac{\Delta d}{d - \Delta d} \qquad （2\text{-}33）$$

$$\Delta C_2 = \frac{\varepsilon S}{d + \Delta d} - \frac{\varepsilon S}{d} = C_0 \frac{\Delta d}{d + \Delta d} \qquad （2\text{-}34）$$

所以，差动电容的变化量为

$$\Delta C = \Delta C_1 - \Delta C_2 = 2C_0 \frac{\Delta d}{d} \left[1 + \left(\frac{\Delta d}{d} \right)^2 + K \right] \qquad （2\text{-}35）$$

由式（2-35）可以看出，差动式电容压力变送器与单极板电容压力变送器相比，非线性得到很大改善，灵敏度也提高近一倍，并降低了由于介电常数受温度影响而引起的不稳定性。该方法不仅可用于测量压差，而且若将一侧抽成真空，还可用于测量真空度和微小的绝对压力。

（2）电容式压力变送器特点

电容式压力变送器具有广泛的测量范围（$-1 \times 10^7 \sim 5 \times 10^7$Pa），并能在宽泛的环境温度（$-46 \sim 100$℃）稳定工作。其优点包括：

1）低功耗：仅需极低的输入能量即可运行。

2）高灵敏度：能够检测并转换出显著的电容相对变化量。

3）高性能结构：设计兼顾高刚度与轻质量，实现高固有频率，同时无机械振动部件，减少了损耗，支持高频工作。

4）高精度与稳定性：提供高精度测量，准确度可达 ±0.25%，且长期稳定性良好。

5）耐用性与适应性：结构简单、抗振动，能够在恶劣环境中持续可靠工作。

然而，该类型变送器也存在一定缺点，即分布电容对其性能有较大影响，需要采取特定措施来降低这种影响。

5. 力平衡式压力或压差变送器

力平衡式压力或压差变送器基于力平衡原理运作，被测压力或压差介质导入变送器，弹性元件感受压力或压差后，产生的集中力与输出电流，经由反馈装置产生反馈力，在杠杆系统内形成力矩平衡，这时输出电流值反映了被测压力或压差的大小。

图 2-15 所示为 DDZ-Ⅲ 型力平衡式差压变送器原理图。其工作流程如下：待测的压力或压差作用于变送器内的弹性元件 3，该元件随即将压力或压差转换为集中力。这一集中力作用于主杠杆的底部，以轴封膜片 4 为支点，进一步传递给矢量机构 6 一个水平方向的力 F_1，该力分解为两个分力：F_2（垂直方向）和 F_3（沿矢量角 θ 方向）。F_3 被固定支点的反作用力抵消，不影响副杠杆 10；而 F_2 则作用于副杠杆 10，以十字簧片为支点，产生逆时针力矩，导致副杠杆绕 M 点逆时针旋转。

副杠杆 10 的旋转改变了检测片 8 与差动变压器 9 之间的距离，进而引发差动变压器输出信号的变化。此变化信号被放大器 11 捕捉并转化为标准的 4~20mA 直流电流输出。这一输出电流通过永久磁钢 13 内的反馈动圈 12 时，会产生一个反馈力 F_f，该力在副杠杆 10 上形成绕 M 点的顺时针力矩，使副杠杆 10 趋向于恢复至初始位置。随着反馈过程的进行，当反馈力与由被测压差转换而来的集中力，在副杠杆 10 上产生的力矩达到平衡时，整个杠杆系统达到新的稳定状态。此时输出的直流电流与被测压差信号成正比。

由于采用了放大倍数极高的位移检测放大器，弹性元件的位移和杠杆的偏转角度都非常小，而且，整个弹性系统的刚度也设计得很小，弹性力对平衡状态建立的作用可以忽略。这样可以降低对弹性材料性能的要求，有利于提高变送器的测量精度。

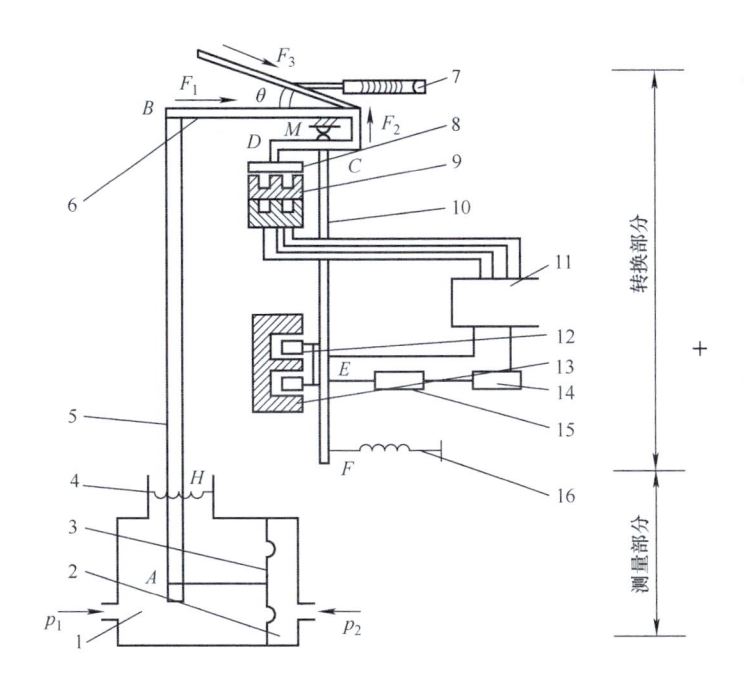

图 2-15　DDZ-Ⅲ型力平衡式差压变送器原理图

1—低压室　2—高压室　3—弹性元件（膜盒、膜片）　4—轴封膜片　5—主杠杆　6—矢量机构
7—量程调整螺钉　8—检测片　9—差动变压器　10—副杠杆　11—放大器　12—反馈动圈
13—永久磁钢　14—电源　15—负载　16—调零弹簧

6. 霍尔式压力变送器

霍尔式压力变送器是基于霍尔效应制成的，将压力作用下产生的弹性元件的位移信号转变成电势信号，通过测量电势进而获得压力的大小。其具有结构简单、体积小、重量轻、功耗低、灵敏度高、频率响应宽、动态范围（输出电势的变化）大、可靠性高、易于微型化和集成电路化等优点。

然而，霍尔式压力变送器也面临一些挑战，例如其信号转换效率相对不高，同时对外界磁场的干扰较为敏感，这要求在使用时需特别注意对环境磁场的控制。此外，其抗振性能有待提升，且由于温度的变化会对测量精度产生较大影响，因此在实际应用中，实施有效的温度补偿措施显得尤为重要，以确保测量结果的稳定性和准确性。

（1）霍尔效应

当电流 I 穿越置于外磁场 B 中的导体或半导体薄片时，导体内的载流子（电子）会受到洛伦兹力的作用，此力依据左手定则确定方向，导致电子运动轨迹发生偏转。如图 2-16 中虚线箭头所示，电子的这种偏转行为使得薄片左侧逐渐累积负电荷，相对的另一侧则带上正电荷。这种电荷分布的不均，在薄片沿 x 轴方向的两侧表面间产生了电位差，此现象即为霍尔效应，所生成的电位差称为霍尔电势。能够展现此效应的装置被称为霍尔元件。当电子累积至一定程度，使得由电子累积产生的电场对载流子的作用力 F_E 与洛伦兹力 F_0 达到平衡时，电子的累积状态达到动态稳定，其霍尔电势 V_H 为

$$V_H = K_H IBf\left(\frac{L}{b}\right)/d \tag{2-36}$$

式中，V_H 为霍尔电势（mV）；K_H 为霍尔常数；B 为垂直作用于霍尔元件的磁感应强度（T）；I 为通过霍尔元件的电流，又称控制电流（mA）；d 为霍尔元件的厚度（m）；L 为霍尔元件的长度（m）；b 为霍尔元件的宽度（m）。

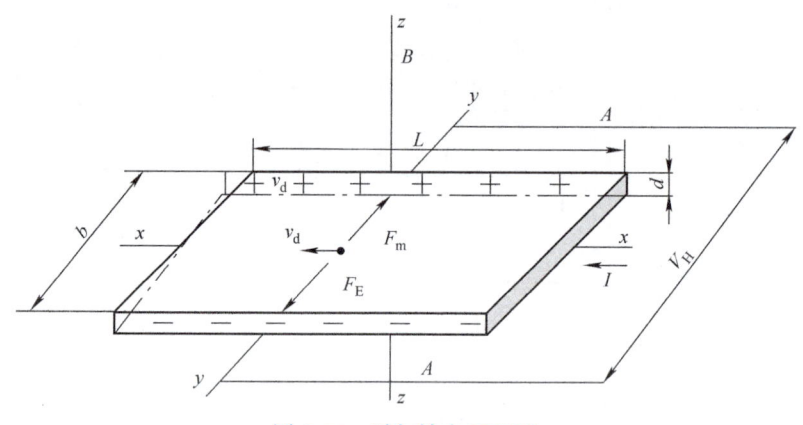

图 2-16　霍尔效应原理图

式（2-36）揭示了霍尔效应中的一个规律：在霍尔片材料及其结构确定的前提下，霍尔电势的大小直接正比于通过的控制电流 I 与磁感应强度 B 的乘积。鉴于半导体材料，尤其是 N 型半导体，拥有显著高于金属的霍尔常数 K_H，因此，制造霍尔元件时，通常会选择硅（Si）、锗（Ge）、砷化铟（InAs）等半导体作为原料。此外，元件的灵敏度深受其厚度 d 的影响，一般而言，元件越薄，其对外部变化的响应就越灵敏，这也是霍尔元件普遍设计得较为轻薄的原因之一。

进一步分析式（2-36）可知，霍尔电势的方向并非固定不变，其随着控制电流或磁场方向的改变而发生变化。但当控制电流与磁场方向同时发生反转时，霍尔电势会保持其原有的方向不变。

（2）霍尔压力变送器

图 2-17 所示为霍尔压力变送器的结构，弹簧管一端稳固连接于接头，另一端自由端则安置了霍尔元件。在霍尔元件的上下方垂直安放两对磁极，霍尔元件被置于两对磁极之间，其分别产生方向相反的磁场，形成一个线性不均匀的差动磁场环境。

为实现更佳的磁场线性分布，磁极末端被设计为特殊形状的磁靴。在无压力作用时，霍尔元件位于上下磁极的中心，即差动磁场的平衡点。此时，通过霍尔元件的磁通量大小相等、方向相反，导致产生的霍尔电势相互抵消，其霍尔电势代数和为零。然而，一旦被测压力 p 施加于弹簧管的固定端，弹簧管的自由端会随之伸展，带动霍尔元件在差动磁场中移动，从而打破了原有磁场的平衡状态，引起磁感应强度 B 的变化。

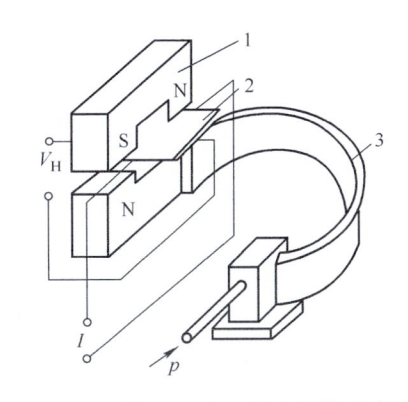

图 2-17　霍尔压力变送器的结构示意图
1—磁极　2—霍尔元件　3—弹簧管

根据霍尔效应原理，磁感应强度的变化直接导致霍尔元件产生相应的霍尔电势。由于设计中沿霍尔元件偏移方向上的磁感应强度呈线性增长，因此，霍尔元件输出的电势与弹簧管因压力而产生的变形量，以及与被测压力 p 之间，均呈现出线性关系。简而言之，霍尔压力变送器实质上是一个位移 - 电势的变换元件。

2.3　气流的压力测量

在测量容器中静止流体的压力时，操作相对直接，仅需于容器壁适当位置开设一小孔作为测压点，连接测量仪表即可实现读数。然而，对于运动流体流场中特定点的压力测量，则需采取更为复杂的方法。这一过程首先依赖于一种特殊装置——压力探头，其能够捕捉并感应到该点的压力值。压力探头的形态往往为一根细长管状结构，也常被称作测压管或压力探针，作为压力传递的媒介，使后续的压力指示仪表能够准确测量并显示所感受到的压力量。

流体压力的测量基于流体力学中的伯努利方程。根据伯努利方程

$$\frac{1}{2}\rho u_\infty^2 + p_\infty = \frac{1}{2}\rho u^2 + p \tag{2-37}$$

式中，p_∞ 为未扰动处的压力（Pa）；u_∞ 为未扰动处的速度（m/s）；p 为绕流物体附近的压力（Pa）；u 为绕流物体附近的速度（m/s）。

在任何被绕流的物体上，都有这样一些点，在这些点上流体的速度为零，称为驻点。这些点上的压力就是驻点压力 p_0，即

$$p_0 = \frac{1}{2}\rho u_\infty^2 + p_\infty = 常数 \tag{2-38}$$

驻点压力又称为全压或总压，总压沿流线是不变的，这是测量不可压缩流体的压力和速度的基础。

静压探头的测量孔设计于侧面某位置，此位置选取以最小化探头插入对流场的干扰，确保所测得的即为该点未受扰动的静压值。而总压探头的测压孔则直接置于正前端中心，当探头正对来流方向且轴线与之平行时，该点即为驻点，此时测压孔捕捉到的即为流场中该点的总压。

2.3.1 静压的测量

气流的静压就是运动气流里气体本身的热力学压力，当感受器在气流中与气流以相同的速度运动时，感受到的就是气流的静压。静压测量对偏流角、Ma 数、感受器的结构参数等影响测量精度的因素更为敏感，所以为了测量静压，要设法在不干扰流场的条件下进行测量。

1. 壁面静压孔

测量气流静压的最高效方法，在于将感压孔精准定位于流体流线保持直线状态之处，此区域截面上的静压趋于一致。在确保静压孔设计科学合理且加工精度达标的前提下，能够最大限度地减少对气流的干扰，确保测量结果的准确性。值得注意的是，开孔位置需配备足够的直管段，且管道内壁必须光滑无瑕疵，任何粗糙或不平整都可能引入 1%～3% 的误差，即便静压孔本身设计加工无误。

壁面开静压孔后，对流场的干扰是不可避免的，为了减少干扰、提高测量精度，对静压孔的设计加工有严格的技术要求。主要有：

1）孔径选择：静压孔的开孔直径应适中，推荐范围为 0.5～1.0mm。孔径过大易导致流线变形加剧，增大测量误差；孔径过小则加工难度大、易堵塞，且增大测量滞后。

2）孔轴与内壁的关系：静压孔的轴线应与管道内壁面垂直，孔边缘须尖锐无瑕疵，避免毛刺和倒角，同时孔壁面应保持光滑。

3）孔深比例：静压孔的深度（l）与直径（d）之比应大于 3（$l/d > 3$），以确保足够的孔深度来减少流线弯曲对测量的影响。

4）连接方式：连接静压孔与导压管的管接头应牢固固定在流道壁上。在流道壁厚度允许的情况下，优先采用螺纹连接而非焊接，以避免热应力引起的壁面变形，从而减少对流场的干扰，保证测量精度。

2. 静压探针

当需要测量气流中某点的静压时，就要使用静压探针。置于气流中的静压管对气流的干扰较大，为了减少测量误差，在满足刚度要求的前提下，其几何尺寸应尽量小。静压探针也应对气流方向的变化尽量不敏感。静压孔轴线应垂直于气流方向。下面介绍 4 种常用的静压探针。

（1）L形静压探针

L形静压探针通过将细管弯折成L形而成，不仅易于加工制造，还展现出良好的性能特性，因此在多领域得到了广泛应用。如图2-18所示，该探针头部采用半球形设计，以最大限度地减少对周围流场的干扰，确保测量精度。特别地，其侧面的测压孔中心须确保距离探针尖端至少为细管管径的3倍，以进一步削弱对测量数据的潜在影响。

此外，为避免探针支杆对测压精度的潜在干扰，测压孔中心应与支杆相距超过细管管径8倍的位置。然而，值得注意的是，L形静压探针因轴向尺寸较大，对来流方向的微小角度变化表现出极高的敏感性。为量化这一敏感程度，特定义了一个"不敏感偏流角"，即在该角度范围内，由偏流引起的测量误差不超过速度头的1%。对于该探针，当速度系数 $\lambda \leq 0.85$ 时，$\alpha = \pm 6°$。因此，L形静压探针在流道尺寸较大，且流场内部旋转不大的场合较为适用，例如测量压缩机和叶片泵进出口流体静压。

（2）圆柱形静压探针

如图2-19所示，圆柱形静压探针为一个内腔中空的细长圆柱体，其侧面布置有测压孔。遵循圆柱绕流原理，测压孔被设置在背离流体主流方向的位置，以确保测量的准确性。此设计使得在速度系数保持恒定的情况下，即便流体方向角在 ±40° 的宽泛范围内波动，探针仍能稳定地捕获并测量出不变的静压力值。因此，圆柱形静压探针适用于在二维流场环境中，作为精确测量静压力的工具。

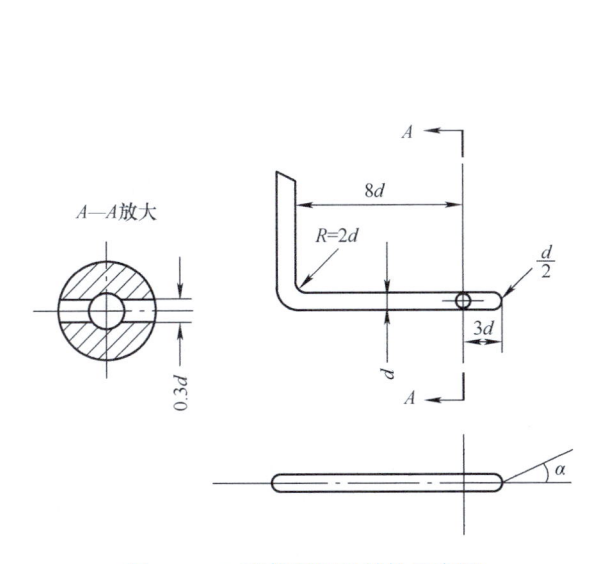

图 2-18　L形静压探针结构示意图 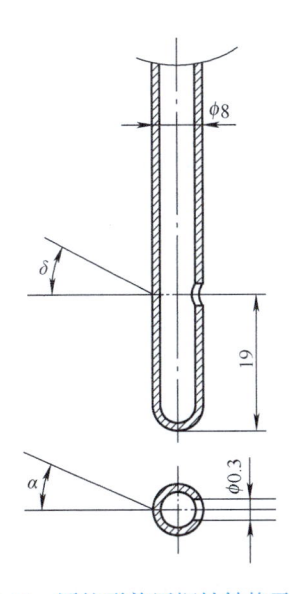　　　　图 2-19　圆柱形静压探针结构示意图

需要注意的是，圆柱形静压探针的轴线与流动方向是垂直的，故对流场的扰动影响较大。分析扰流物体表面的压力分布可以发现，表面只存在压力系数近似为零的点，并不存在压力系数为零的点，所以测量出的静压力值与真实值的误差较大。

（3）带导流管的静压管

带导流管的静压管如图 2-20 所示，一般静压管的不敏感偏流角都较小，在静压孔外加了导流管后，这种状况得到了明显的改善，不敏感偏流角 α 可达 $\pm30°$，δ 可达 $\pm20°$。这种静压管可用于在三元气流中测量静压，但导流管的形状较复杂，加工也较困难，其头部尺寸难以做得很小，在小尺寸的流道中难以应用。

（4）蝶形静压探针

蝶形静压探针的结构示意图如图 2-21 所示，其优点在于测量能力不受 x—y 平面内流体方向角变化的干扰，这一特性使其成为测量平面内二元流动静压的理想选择。然而，该探针的一个局限性在于其对 z 轴方向上的方向变化角 δ 变化很敏感，因此，在实际应用中，确保碟盘平面与流体流线保持高度平行（偏差需控制在 2° 以内）至关重要。此外，蝶形静压探针的制造工艺复杂，对碟盘加工精度的要求极高，这不仅增加了制造难度，也提高了其成本。同时，由于其体积相对庞大，使得其适用场景受到了一定限制。

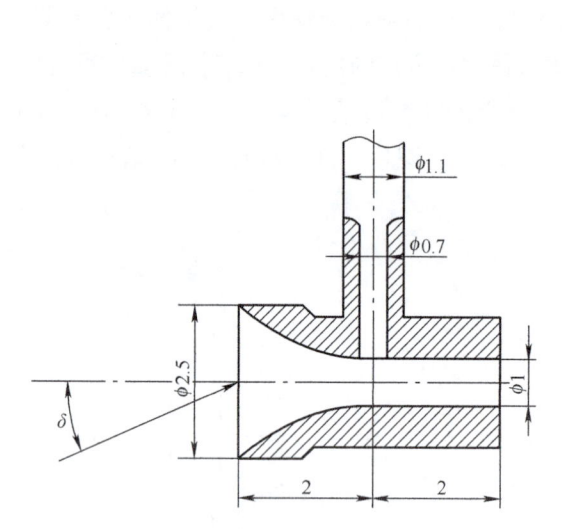

图 2-20　带导流管的静压管结构示意图

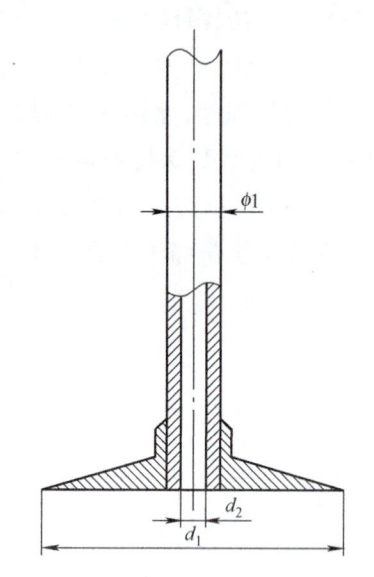

图 2-21　蝶形静压探针的结构示意图

2.3.2　总压的测量

总压，作为气流等在熵不变条件下滞止后所达到的压力，也称滞止压力，是流体力学中的一个重要参数。用于总压测量的测压探针叫总压探针。理想的总压探针要求管口无毛刺、壁面光滑，并且其感受孔的轴线需严格对准来流方向以确保测量精度。虽然前者在制造过程中容易实现，但后者在实际操作中却面临困难，因为难以保证探针始终完美对准流动方向。

因此，在实际应用中，我们期望总压探针能在感受孔轴线与气流方向存在一定偏流角时，仍能有效且准确地反映气流的总压。为了量化这种容忍度，取使测量误差达速度头 1%

时的偏流角作为总压管的不敏感偏流角,不敏感偏流角范围越大,对测量越有利。

选用总压管时,要根据气流的速度范围、流道的条件和对气流方向的不敏感性,决定所用总压管的结构形式。在满足要求的前提下,其结构越简单越好,同时,在保证一定结构刚度的前提下,总压管应具有较小的尺寸,以减少对流场的干扰。

1. L 形总压探针

如图 2-22 所示,L 形总压探针与 L 形静压探针的结构较为相似,两者的不同之处是 L 形总压探针在来流方向的探针端部设置了测压孔。L 形总压探针对偏流角的敏感度取决于探针端部的形状、圆柱管外径 d_1 和测压孔径 d_2,当探针 $d_2/d_1 = 0.3$ 时,α 的不敏感度位于 $\pm(5°\sim 15°)$。

2. 圆柱形总压探针

圆柱形总压探针设计精巧、尺寸紧凑,不仅工艺性能优越、制造简便,还便于操作,结构如图 2-23 所示。然而,其不敏感偏流角特性较为局限,具体表现为:在过孔口轴线与支杆垂直的平面上,当气流方向与孔口轴线的夹角 α 处于 $\pm(10°\sim 15°)$ 时,测量精度尚可接受;而在孔口轴线与支杆轴线构成的平面内,这一容忍范围 δ 缩小至 $\pm(2°\sim 6°)$,对气流方向的微小偏差更为敏感。若将孔口处加工成一凹进去的球面形,可以提高 α 和 δ 的值,这种总压探针又称球窝形总压探针。

图 2-22　L 形总压探针结构示意图

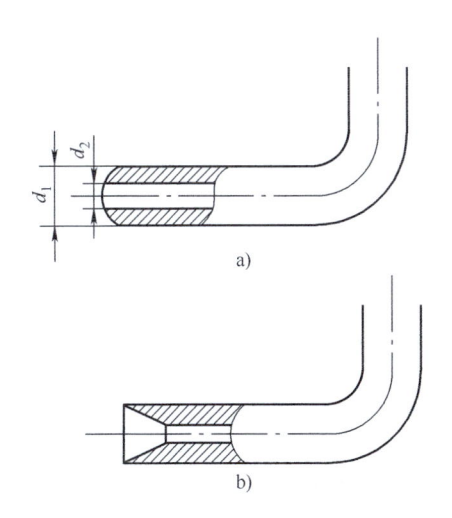

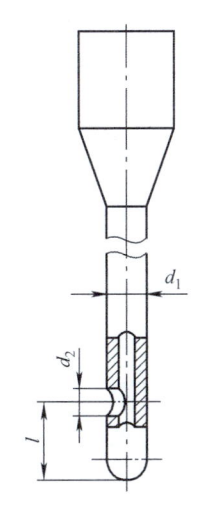

图 2-23　圆柱形总压探针结构示意图

3. 带导流管的总压探针

带导流管的总压探针结构示意图如图 2-24 所示,其通过内置的进口收敛器和导流管,有效确保了套管内部气流的流向稳定性。该探针的优点在于其对偏流角 α 和 δ 展现出较大的不敏感度,范围广泛至 $\pm(40°\sim 50°)$,显著提升了在复杂流场中的测量可靠性。然而,这一优势也伴随着挑战:高要求的加工精度以及相对较大的体积,不仅增加了制造成本,还给安装与使用带来了一定程度的困难。

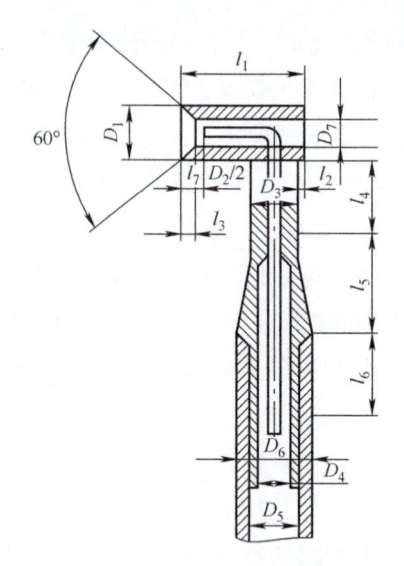

图 2-24　带导流管的总压探针结构示意图

2.3.3　压力探针的测量误差分析

1. 探针对流场的扰动

在采用探针技术来测定流场中的总压或静压时，引入的探针不可避免地会对原始流场造成扰动，具体表现为探针周边流线的偏转以及局部压力场的重新分布。为了削弱由探针引入的流场干扰，提升测量数据的精确度，我们需要优化探针设计，特别是通过减小探针的尺寸来实现优化。这样做能够有效降低对周围流场的影响范围，使得测量结果更加贴近未受干扰的真实流场状态。

2. 静压孔

静压孔的设计对静压测量的精确度具有显著影响。具体而言，孔径的不当扩大、形状的非规则性以及轴线与主流线的不垂直配置，均会引入测量误差。这些结构特征会导致流体流经静压孔时，流线发生偏离，部分流体偏离原流场路径而进入孔内。此过程中，产生的离心力效应会促使静压孔内压力上升，进而使得测量所得的压力值偏离了实际的静压力水平。值得注意的是，这一偏差的幅度与流体的流速、静压孔形状的规整程度、具体尺寸以及方向布置等因素紧密相关。

3. Ma 数

在气流压力测量的环境中，当 Ma 数显著增大时，气体的压缩性效应变得不容忽视，因此必须计入气流密度的动态变化。特别是在超声速气流环境中，探针表面易诱发局部激波现象，这一现象直接导致局部气流压力发生显著变化，从而对静压和动压的精确测量构成挑战，产生测量误差。在亚声速流的测量实践中，若采用设计有半球形头部的 L 形探针，确保测压孔径与探针圆柱管外径比值 $d_2/d_1 = 0.3$ 且流体偏流角敏感度较小时，该测量配置能够有效抵消 Ma 数变化对测量结果的影响。

4. Re 数

伯努利方程所阐述的总压 p_0、静压 p 与动压 $\rho u^2/2$ 间的关联，是基于理想流体的假设推导而来的。然而，在实际流体中，黏性效应是不可忽视的。特别是在流体绕过探针流动的场景中，探针表面的压力分布直接受到 Re 数的影响。

具体而言，当 Re 数超过 30 时，依据边界层理论，黏性影响主要局限于紧贴管壁的一个极薄边界层内，但流体的压力在穿越此层时几乎保持不变，可合理忽略黏性对压力分布的直接作用。反之，若 Re 数低于 30，黏性对流体行为的影响变得不可忽略，此时需对伯努利方程的应用进行相应的调整：

$$\frac{p_0 - p}{\rho u^2 / 2} = 1 + \frac{a}{Re} \tag{2-39}$$

式中，a 为常数，$a \approx 3 \sim 5.6$。

在临界点的无量纲压力系数 K_{p_0} 与 Re 数的关系可由下式给出

$$K_{p_0} = 1 + \frac{4C_1}{Re + C_2 \sqrt{Re}} \tag{2-40}$$

式中，C_1、C_2 为常数。对于半球形，$C_1 = 2.0$，$C_2 = 0.398$；对于千球形，$C_1 = 1.5$，$C_2 = 0.455$；对于圆柱形，$C_1 = 1.0$，$C_2 = 0.457$。

2.4 测压系统的安装和动态特性

2.4.1 测压系统的安装

压力测量系统由取压口、压力信号导管、压力表及一些附件组成，各个部件安装正确与否以及压力表是否合格等，对测量准确度都有一定的影响。

1. 取压口

取压口是被测对象上引取压力信号的开口，其本身不应破坏或干扰流体的正常流束形状。为此，对取压口的孔径大小、开口方向、位置及孔口形状都有较严格的要求。

取压口的位置选取有如下要求：

1）管道选择与避免涡流：应避免选在管道弯曲、分岔及流束易形成涡流的位置，以确保测量的准确性。

2）管道内突出物：当管道中存在如温度计套管等突出物时，取压口应设置在突出物的来流方向（即突出物之前），以减少流场干扰。

3）与管道阀门、挡板的距离：取压口与管道阀门、挡板的距离应分别大于 $2D$ 和 $3D$（D 为管道直径），以减少管道阀门或挡板对测量值的影响。

4）低压测量的特殊要求：对于测量低于 0.1 MPa 的压力，取压口应尽可能接近测量仪表，以最小化因液柱高度引起的附加误差。

5）汽轮机润滑油压：选择油管路末端压力较低处作为取压口位置，以准确反映润滑油的实际压力。

6）凝汽器真空：取压口应设置在凝汽器喉部的中心处，以确保测量的真空度最具代表性。

7）粉煤锅炉一次风压：一次风压的取压口应避免靠近喷燃器，以防止炉膛负压对测量结果的影响。

8）二次风压：取压口应设在二次风压调节门和喷嘴之间，且尽量远离喷嘴，同时各测点到喷嘴的距离应相等，以保证测量的准确性和一致性。

9）炉膛压力：取压口应位于锅炉两侧喷燃室火焰中心上部，位置须能真实反映炉膛内压力状况。测点过高可能导致负压偏大，过低则可能因接近火焰中心而压力不稳定。

10）锅炉烟道烟气压力：烟气压力测点应选择在烟道左右两侧的中心线上，以更全面地反映锅炉烟道内压力的分布情况。

对于不同的流体介质，取压口开口方位需要注意：

1）不同流体介质取压口位置的选择：流体为液体介质时，取压口应位于管道横截面的下半部分，以避开气泡但防止沉渣堵塞；流体为气体介质时，取压口应设置在管道横截面的上方，避免气体流入；对于水蒸气则需按液体处理，确保导管内无气泡干扰。

2）含尘气体压力测量：取压口位置须避免积尘和堵塞，同时应便于吹洗和维护；在必要时，须加装除尘装置以提高测量的准确性和长期稳定性。

2. 压力信号导管的选择与安装

压力信号导管作为取压口与压力表之间的连接通道，其设计须确保测量响应的及时性，避免因导管过长导致的阻力增大和测量延迟。因此，导管的总长度应严格限制在不超过 60m，以确保信号传递的高效性。导管内径也不能太小，可根据被测介质性质及导管长度进行选择，见表 2-1。

表 2-1 压力信号导管内径选择

被测介质	压力值 /Pa	导管内径 /mm		
		导管长度 < 15m	15m < 导管长度 < 30m	导管长度 > 30m
烟气	> 50	19	19	19
热空气	< 7.8 × 10³	12.7	12.7	12.7
气粉混合物	< 9.8 × 10³	25.4	38	38
油	< 2.0 × 10³	10	13	15
水蒸气	< 1.2 × 10³	8	10	13

在压力信号导管的运行中，预防内部积水（针对气体介质）或积气（针对液体或水蒸气介质）是确保测量准确性与时效性的重要措施。为避免由此引发的误差与延迟，水平铺

设的导管需保持至少 1% 的坡度，以促进流体自然流动，防止积气与积水的形成。必要时还应在压力信号导管的适当部位，如最低点或最高点，设置积水或积气容器，以便积存并定期排放出积水或积气。

3. 压力表的选择与安装

在选择压力表时，需考量被测介质的物理化学特性、压力范围、安装位置的约束条件、操作环境的温度与振动状况，以及所需的测量精度等多个因素。所选压力表须通过检定，确保其合格后方可进行安装，且安装时应确保其与水平面垂直。安装位置的选择既要便于日常观测与维护，又要远离振动源与高温环境，同时须便于对压力信号导管进行定期清洗及压力表的现场校验，这通常要求设置三通阀以实现便捷操作。

针对蒸汽压力的测量，为防止高温蒸汽直接冲击压力表造成损害，建议在压力表附近增设 U 形管或环形管冷凝器，其作用在于收集并冷凝蒸汽，形成缓冲层，从而保护压力表免受高温影响。

对于压力波动剧烈或含有高频脉冲的介质，由于这些特性会加剧仪表传动部件的磨损或导致电气触点频繁切换，因此在安装电接点压力表等仪表时，应前置缓冲器（或称阻尼器），以减少波动对仪表的直接影响，延长使用寿命。

最后，针对介质极为脏污、高黏度、易结晶或具有腐蚀性的情况，为保护压力表免受损害，须加装含中性介质的隔离罐，作为介质与压力表之间的屏障，确保测量工作的安全与准确。

2.4.2 测压系统的动态特性

1. 动态原理测量的空腔效应

在动态原理测量中，仪表感压元件前的空腔与导压管构成的系统会引发压力信号衰减与相位滞后现象，这一现象被称为空腔效应。尽管压力传感器本身依据动态测量需求设计，具备高固有频率与快速响应能力，但空腔效应却成为制约整个测量系统响应速度的瓶颈，导致系统动态性能显著下降。实际上，测量系统的动态特性往往受限于传感器以外的组件。为了优化测量系统的动态响应，策略不仅限于选用高固有频率的传感器，更须注意减少导压管的长度与内径，以及缩小感压元件前的空腔体积。

可用下面近似公式来估计感压元件前空腔和导压管合在一起后的固有频率 f。

$$f = \frac{3ad}{\pi\sqrt{(l+\delta+0.85d)V}} \tag{2-41}$$

式中，a 为气体在工作温度下的音速（m/s）；d 为导压管的内径（m）；l 为气柱长度（m）；δ 为空腔高度（m）；V 为空腔体积（m³）。

由式（2-41）可见，空腔体积越大，导压管越长，内径越大，固有频率越低。在动态压力测量中若对导压管的空腔效应不加注意，很可能得不到可信的测量结果。

2. 压力传输管道的数学模型和频率特性

在动态压力测量中，压力传输管道的空腔体积大小、导压管的直径与长度均会显著影响测量结果，其根本机制可类比于一个阻容系统。若设被测压力为 p_0，空腔压力为 p_1，在稳态时，则有 $p_{00} = p_{10}$，而在动态测量时，因空腔和导压管的存在，使测量结果产生滞后，$p_0 \neq p_1$。

对空腔内的压力和密度变化，设

$$p_0 = p_{00} + \Delta p_0$$

$$p_1 = p_{10} + \Delta p_1$$

$$\Delta p = \Delta p_0 - \Delta p_1$$

$$\Delta p = p_0 - p_1$$

式中，p_{00} 和 p_{10} 为稳态时的被测压力（Pa）和空腔压力（Pa）。

由质量平衡可得到以下的微分方程

$$V_1 \frac{\mathrm{d}\rho_1}{\mathrm{d}t} = \Delta G \tag{2-42}$$

式中，V_1 为空腔的体积（m³）；ρ_1 为空腔内气体的密度（kg/m³）；ΔG 为由于压差 Δp 的存在引起的空腔的充气量（kg/s）。

由于密度 ρ_1 难以测量，人们希望能用压力 p_1 的变化表示 ρ_1 的变化。当把充气过程看成多变过程时，下式成立：

$$p_1 \rho_1^n = 常数$$

式中，n 为多变函数。

对上式两边微分可得

$$\mathrm{d}\rho_1 = \frac{\rho_1}{np_1}\mathrm{d}p_1$$

由气态方程 $p_1 = \rho_1 R T_1$ 可得

$$\mathrm{d}\rho_1 = \frac{1}{nRT_1}\mathrm{d}p_1 \tag{2-43}$$

式中，R 为气体常数；T_1 为空腔内的温度（℃）。

充气流量 G 的大小不仅与压差的大小 Δp 成正比，而且还受到导压管流阻 R 的影响。

定义：流阻
$$R = \frac{\mathrm{d}(\Delta p)}{\mathrm{d}G}$$

则
$$\Delta G = \frac{\Delta p_0 - \Delta p_1}{R} \tag{2-44}$$

又因为
$$C\frac{\mathrm{d}p_1}{\mathrm{d}t} = \frac{\Delta p_0 - \Delta p_1}{R}$$

式中，C 为气体容积（气容），$C = \frac{V_1}{nRT_1}$。

则
$$RC\frac{\mathrm{d}\Delta p_1}{\mathrm{d}t} = (\Delta p_0 - \Delta p_1)$$

用增量相对值的无量纳量（无因次量）表示上述方程，定义
$$\frac{\Delta p_1}{p_{10}} = x_{p_1}, \quad \frac{\Delta p_0}{p_{00}} = x_{p_0}$$

则
$$T\frac{\mathrm{d}x_{p_1}}{\mathrm{d}t} = (x_{p_0} - x_{p_1}) \tag{2-45}$$

式中，T 为时间常数，$T = RC$。

式（2-45）的传递函数方程为
$$\frac{x_{p_1}}{x_{p_0}} = \frac{1}{Ts+1} \tag{2-46}$$

显然，这是一个典型的惯性环节，其特征在于时间常数，它反映了测量过程中的滞后程度。时间常数的大小取决于两个关键因素：流阻与气容。具体而言，导压管设计得细长时，会增加流阻；而测压空腔增大时，则导致气容增加，使得时间常数增大。这会加剧测量时的压力滞后现象，对动态测量的准确性产生了直接影响。

第 3 章

温度测量

3.1 温度和温度标尺

3.1.1 温度的定义

众所周知，当两个冷热不同的物体相互接触时，会有一股净能量——热量，从热物体传向冷物体，使热物体变冷，冷物体变热，最后当两物体的冷热程度相同时，净能量的交换停止，此时称两物体达到热平衡。可见，物体具有某种宏观性质，当性质不同的两个物体接触时，会发生热量传递；当物体间达到热平衡时，其该项性质相同。这种驱动热量传递的宏观性质称为温度。

由此可见，温度是驱动热量传递的"势"，物体温度的高低确定了热量传递的方向：温度高的物体自发地把热量传递给温度低的物体。从热平衡的观点即微观角度看，温度是描述热平衡系统冷热程度的物理量，是物体内部分子热运动激烈程度的标志，分子热运动越快，物体温度就越高，反之温度就越低。

工程上用温度计或其他测温仪表测量物体的温度。如果第三个物体 C 达到与两个物体 A 和 B 处于相互热平衡的状态，则处于热平衡的物体都具有相同的温度。这一事实，是采用温度计测量物体温度的理论依据。当温度计与被测物体达到热平衡时，温度计指示的温度就等于被测物体的温度。

3.1.2 温度标尺

为了进行温度测量，需要建立温度标尺，即温标。温标是温度数值的表示方法，是为度量物体或系统温度的高低而对温度的零点和分度法所做的一种规定。目前国际上用得较多的温标有热力学温标、国际实用温标、摄氏温标和华氏温标。

1. 热力学温标

热力学温标也称开尔文温标或绝对温标，是建立在热力学基础上的一种理论温标，在国际单位制中，它是七个基本单位制之一，即热力学温标。

根据热力学中的卡诺定理，如果在温度为 T_1 的热源与温度为 T_2 的冷源之间实现了卡诺循环，则存在下列关系式

$$\frac{T_1}{T_2} = \frac{Q_1}{Q_2} \quad (3\text{-}1)$$

式中，Q_1 和 Q_2 分别为热源传递至热机的热量和热机传递至冷源的热量。如果在式（3-1）中再规定一个条件，就可以通过卡诺循环中传递的热量来确定温标。1954 年，国际计量会议选定水的三相点为 273.16，并以它的 1/273.16 为 1K，这样热力学温标就完全确定了，即 $T = 273.16(Q_1/Q_2)$。这样的温标单位叫作开尔文，简称开，符号为 K。

热力学温标与实现其工质性质无关，不会因选用测温物质的不同而引起温标的差异，是理想的温标。不过，理想的可逆过程是无法实现的，所以基于可逆过程的卡诺循环以及热力学温标也是无法直接实现的。幸而，在热力学中已从理论上证明，热力学温标与理想气体温标是完全一致的，根据理想气体方程，绝对温度 T 与气体的压力、比容之间呈下列关系：

$$T = \frac{pv}{p_0 v_0} T_0 \quad (3\text{-}2)$$

只要规定水三相点的温度，并以测得此时的压力和比容作为基准，就可以根据气体的压力和比容来定出温度，这就是用来实现热力学温标和理想气体温度计的原理。

事实上，不少气体在一定范围内与理想气体的性质极其接近，而且在使用上可以将气体温度计制成定容的，这时只要度量出气体的压力，并与基准点的压力相比较，即可求得气体的温度。气体温度计主要应用于计量标准单位，作为复现热力学温标使用。

2. 国际实用温标

为了克服气体温度计在实用上的不便，需要制定一种国际通用又比较方便的实用温标，即国际实用温标，其所测定的温度应尽可能接近热力学温标，差值在目前测定准确度的极限范围内，所用单位也与热力学温标相同。国际实用温标自 1927 年建立以来，做过多次修改，其中国际计量委员会根据 1987 年 18 届国际计量大会第七号决议的要求，于 1989 年会议通过了 1990 年国际实用温标 ITS-90，自 1994 年 1 月 1 日起使用，其基本内容如下。

（1）定义固定点

基本的物理量为热力学温标，符号为 T，单位为开尔文（K）。其规定水的三相点热力学温度为 273.16K，1K 等于水三相点热力学温标的 1/273.16（1K = 1/273.16）。

（2）基准仪器

ITS-90 将温区划分为 4 段，规定了每段温度范围内复现热力学温标的基准仪器，即

1）0.65～5.0K 之间的基准仪器为：3He 或 4He 蒸气压温度计。

2）3.0～24.5561K 之间的基准仪器为：3He 或 4He 定容气体温度计。

3）13.8033～1234.93K 之间的基准仪器为：铂电阻温度计。

4）1234.93K 以上温区的基准仪器为：光学或光电高温计。

（3）内插公式

通过定义固定点温度指定值以及在这些固定点上分度过的基准仪器来实现热力学温标，各固定点之间的温度是依据内插公式来使基准仪器的示值与国际实用温标的温度值相联系的。ITS-90 规定的 17 个定义固定点温度见表 3-1。

表 3-1　ITS-90 规定的 17 个定义固定点温度

序号	定义固定点	规定值 /K
1	氦蒸气压点	3~5
2	平衡氢三相点	13.8033
3	平衡氢蒸气压点	≈17
4	平衡氢蒸气压点	≈20.3
5	氖三相点	24.5561
6	氧三相点	54.3584
7	氩三相点	83.8058
8	汞三相点	234.3156
9	水三相点	273.16
10	镓熔点	302.9146
11	铟凝固点	429.7485
12	锡凝固点	505.078
13	锌凝固点	692.677
14	铝凝固点	933.473
15	银凝固点	1234.93
16	金凝固点	1337.33
17	铜凝固点	1357.77

3. 摄氏温标

摄氏温标是工程上最通用的温度标尺，温度符号为 t，单位为摄氏度（℃）。摄氏温标规定：在标准大气压下，纯水的冰点为 0℃，沸点为 100℃，两个标准点之间分为 100 等份，每一等份代表 1℃。摄氏度与国际实用温度之间的关系如下：

$$t = T - 273.15 \tag{3-3}$$

$$T = t + 273.15 \tag{3-4}$$

4. 华氏温标

华氏温标与摄氏温标一样，也是经验温标之一，其规定：在标准大气压下，纯水的冰点为 32°F，沸点为 212°F，中间等分为 180 份，每一等份代表 1°F，用字母 F 表示，单位为华氏度（°F）。华氏度与摄氏度的关系如下：

$$t = \frac{5}{9}(F - 32) \tag{3-5}$$

$$F = 1.8t + 32 \tag{3-6}$$

3.2 接触式测温方法

3.2.1 接触式测温方法的特点及分类

前面已经介绍了温度和温标的概念,而测温方法就是利用某些物质的物理性质与温度有一定的关系,通过对某物质的物理性质的测量,用某种温标来反映该物质温度大小的测量方法。接触式测温方法作为一种广泛应用的测温方法,其特点是测温元件与被测物体直接接触,主要原理为:根据热平衡原理可知,两个物体接触后经过足够长时间达到热平衡,则其温度必然相等。

接触式测温方法的优点为:

1)测温准确度相对较高。温度测量仪表的感温元件与被测物体充分接触,两者达到热平衡,感温元件可对被测物体的温度进行极好的复制,因此测温的准确度相对较高。

2)系统结构相对简单,测温仪表价格较低。

3)可测量任何部位的温度,且便于多点集中测量和自动控制。

相应地,接触式测温方法的缺点也较为明显,主要包括:

1)测温有较大滞后;接触过程中易破坏被测对象的温度场分布和热平衡状态。

2)较难测量移动或太小的物体。

3)测温上限受到温度计材质的限制,所测温度不能太高。

4)易受被测介质的腐蚀作用,对感温元件的结构、性能要求苛刻,恶劣环境下使用须外加保护套管。

根据测温原理不同,接触式测温仪表可以分为以下几类:

1)膨胀式温度计。按工作物质状态的不同,可分为两类:利用液体测温物质和玻璃管壁因受热时具有不同的体积膨胀系数而制成的玻璃管温度计;利用不同固体受热时线膨胀系数的不同而制成的杆式温度计和双金属温度计。

2)压力式温度计。其原理是根据在封闭容器中液体、气体或蒸汽受热后的压力变化来进行测温,按感温系统所充介质的不同,可分为充液压力式温度计、充气压力式温度计和蒸汽压力式温度计。

3)热电阻温度计。其原理是根据导体或半导体的电阻随温度变化而变化的性质来进行测温,广泛应用于测量 $-200 \sim 850$℃ 的温度范围,最常用的金属热电阻温度计包括铂热电阻温度计、铜热电阻温度计和镍热电阻温度计。

4)热电偶温度计。热电偶测温原理为:在热电偶冷端温度保持不变的条件下,热电偶产生的热电动势与热端温度有单值函数关系。热电偶温度计具有结构简单、测温范围宽($-200 \sim 1300$℃)、准确度高、热惯性小、输出信号为电信号、便于远传或信号转换等优点。

3.2.2 热电阻温度计

热电阻温度计是一种常用的测温仪表，具有测温准确度高、性能稳定、灵敏度高、可远距离测温、能实现温度自动控制和记录等许多优点，在工业生产和科学实验中得到了广泛应用。

1. 热电阻的测温原理

热电阻温度计是利用导体（或半导体）的电阻值随温度变化而变化的特性来测量温度的元件或仪表。电阻与温度的关系一般用下述经验公式表示：

$$R_t = R_0(1 + At + Bt^2 + Ct^3 + \cdots) \tag{3-7}$$

式中，R_t 为热电阻在温度 t 时的电阻值（Ω）；t 为被测介质温度（℃）；R_0 为热电阻在 0℃ 时的电阻值（Ω）；A、B、C 为分度常数（不同的热电阻，在不同的温度范围内有不同的取值）。

（1）铂热电阻（-200 ~ 850℃）

在 -200 ~ 0℃ 时，其电阻与温度的关系可表示为

$$R_t = R_0[1 + At + Bt^2 + C(t-100)t^3] \tag{3-8}$$

在 0 ~ 850℃ 时，其电阻与温度的关系可表示为

$$R_t = R_0(1 + At + Bt^2) \tag{3-9}$$

式中，$A = 3.96847 \times 10^{-3}℃^{-1}$，$B = -5.847 \times 10^{-7}℃^{-2}$，$C = -4.22 \times 10^{-12}℃^{-4}$。

（2）铜热电阻（-50 ~ 150℃）

在 -50 ~ 150℃ 时，其电阻与温度的关系可表示为

$$R_t = R_0(1 + \alpha t) \tag{3-10}$$

式中，$\alpha = (4.25 \sim 4.28) \times 10^{-3}℃^{-1}$。

（3）镍热电阻（-60 ~ 180℃）

在 -60 ~ 180℃ 时，其电阻与温度的关系可表示为

$$R_t = 100 + At + Bt^2 + Ct^4 \tag{3-11}$$

式中，$A = 0.5485℃^{-1}$，$B = 0.665 \times 10^{-3}℃^{-2}$，$C = 2.805 \times 10^{-9}℃^{-4}$。

2. 热电阻的接线方式

热电阻属于无源型敏感元件，测量时需先施加一激励电流才能通过测量其两端的电压获得电阻值；再通过显示仪表把电阻值转换成温度值，从而实现温度测量。热电阻和显示仪表之间有三种连接方式，如图 3-1 所示。

a) 二线制　　　　b) 三线制　　　　c) 四线制

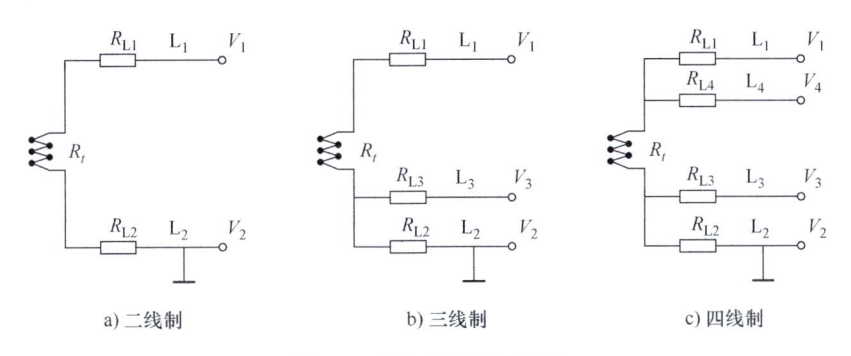

图 3-1　热电阻的接线方式

（1）二线制

如图 3-1a 所示，显示仪表通过导线 L_1、L_2 给热电阻施加激励电流 I，测得电动势 V_1、V_2，于是

$$R_t = \frac{V_1 - V_2}{I} - R_{L1} - R_{L2} \tag{3-12}$$

由于连接导线的电阻 R_{L1}、R_{L2} 被计入热电阻的电阻值中，使测量结果产生了附加误差。

（2）三线制

三线制是实际应用中最常用的接法，如图 3-1b 所示。导线 L_3 用以补偿连接导线的电阻引起的测量误差。三线制要求三根导线的材质、线径、长度一致且工作温度相同，以使三根导线的电阻值相同，即 $R_{L1} = R_{L2} = R_{L3}$。通过导线 L_1、L_2 给热电阻施加激励电流 I，测得电动势 V_1、V_2。导线 L_3 接入高输入阻抗电路，$I_{L3} \approx 0$。于是

$$\frac{V_1 - V_2}{I} = R_t + R_{L1} + R_{L2} \tag{3-13}$$

$$\frac{V_3 - V_2}{I} = R_{L2} \tag{3-14}$$

$$R_t = \frac{V_1 - V_2}{I} - 2R_{L2} = \frac{V_1 + V_2 - 2V_3}{I} \tag{3-15}$$

可见，三线制接法可补偿连接导线的电阻引起的测量误差。

（3）四线制

四线制是热电阻测温最理想的接线方式，如图 3-1c 所示。通过导线 L_1、L_2 给热电阻施加激励电流 I，测得电动势 V_3、V_4。导线 L_3、L_4 接入高输入阻抗电路，$I_{L3} \approx 0$，$I_{L4} \approx 0$，因此 $V_4 - V_3$ 等于热电阻两端电压，即

$$R_t = \frac{V_4 - V_3}{I} \tag{3-16}$$

由此可得，四线制测量方式不受连接导线电阻的影响。四线制由于连接导线较多，一般在实验室使用。

3.2.3 热电偶温度计

热电偶是将被测介质的温度信号转换为电信号并进行测量的测温元件，是目前温度测量中应用最广泛的传感元件之一。热电偶温度计是根据热电偶产生的电信号大小，在仪表上显示出被测介质温度的温度计。热电偶温度计由热电偶、电测仪表和连接导线组成，其被广泛用于测量 –200～1300℃的温度，在特殊情况下可测至 2800℃的高温或 4K 的低温。

热电偶温度计既可以用于流体温度测量，也可以用于固体温度测量；既可以测量静态温度，也能测量动态温度；能直接输出直流电压信号，或转换成线性化的直流电流信号，便于测量、信号传输、自动记录和自动控制等。

1. 热电偶测温原理

两种不同的导体或半导体组合成如图 3-2 所示的闭合回路，如果导体 A 和 B 相连接处温度不同，假设 $T > T_0$，则在回路中就有电流产生，即回路中有电动势存在，这一现象称为热电效应。这种现象早在 1821 年首先由塞贝克发现，所以又称塞贝克效应。所产生的电动势又叫热电势，由两部分组成，即接触电势和温差电势。

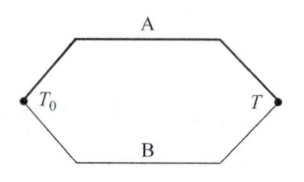

图 3-2 热电偶原理图

（1）接触电势

由于两种导体或半导体材料的不同，当相互接触时，由于其内部电子密度不同（单位体积中自由电子数），例如导体 A 的电子密度比导体 B 大，则会有一些电子从 A 跑到 B 中去（图 3-3），A 失去电子而带正电，B 得到电子而带负电，从而形成了一个由 A 向 B 的静电场，其将阻止电子进一步由 A 向 B 扩散；当扩散力和电场力达到平衡时，AB 间就建立了一个固定的电动势，此电动势称为接触电势。接触电势的大小主要取决于温度和 A、B 材料的性质，根据物理学有关理论推导，接触电势可用下式表示

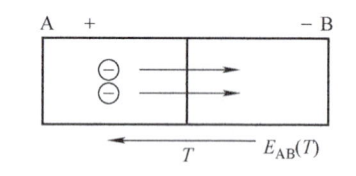

图 3-3 接触电势原理图

$$E_{AB}(T) = \frac{KT}{e} \ln \frac{N_{AT}}{N_{BT}} \quad (3-17)$$

式中，K 为玻尔兹曼常数，1.38×10^{-23} J/K；e 为一个电子的电荷量，1.602×10^{-19} C；N_{AT}、N_{BT} 分别为导体 A、B 在温度 T 时的电子密度。

（2）温差电势

温差电势是由于导体或半导体两端温度不同而产生的一种电动势（图 3-4）。由于导体两端温度不同，假设 $T > T_0$，则两端电子的能量也不同，温度越高电子能量越大，能量较大的电子会向能量较小的电子处扩散，这就形成了一个由高温端向低温端的静电场，静电场又阻止电子继续向低温端迁移，最后达到一个动平衡状态。温差电势的方向是由低温端指向高温端，并与两端温差有关，可用下式表示

$$E_A(T,T_0) = \frac{K}{e}\int_{T_0}^{T} \frac{1}{N_A} d(N_A t) \quad (3\text{-}18)$$

式中，N_A 为导体 A 的电子密度，是温度的函数；t 是导体沿各断面的温度。

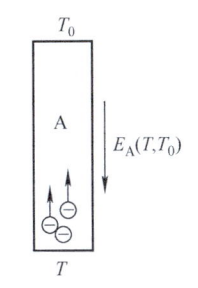

图 3-4 温差电势原理图

（3）回路总电势

图 3-5 所示为由材料 A、B 组成的闭合回路，接点两端温度分别为 T、T_0（假设 $T > T_0$），则存在两个接触电势 $E_{AB}(T)$、$E_{AB}(T_0)$，两个温差电势 $E_A(T,T_0)$、$E_B(T,T_0)$，则回路总电势可用下式表示

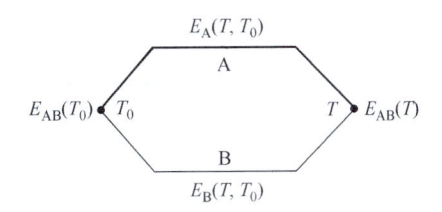

图 3-5 热电偶回路总电势分布图

$$E_{AB}(T,T_0) = E_{AB}(T) + E_B(T,T_0) - E_{AB}(T_0) - E_A(T,T_0) \quad (3\text{-}19)$$

根据式（3-17）、式（3-18）和式（3-19），可进一步得出

$$E_{AB}(T,T_0) = \frac{K}{e}\int_{T_0}^{T} \ln\frac{N_A}{N_B} dt \quad (3\text{-}20)$$

由于 N_A、N_B 是温度的单值函数，上式积分式可表达成

$$E_{AB}(T,T_0) = f(T) - f(T_0) \quad (3\text{-}21)$$

根据式（3-20）和式（3-21）可得出结论：

1）热电偶回路热电势的大小只与组成热电偶的材料及两端温度有关，与热电偶的长度、粗细无关。

2）只有用不同性质的导体或半导体才能组合成热电偶，相同材料不会产生热电势。

3）只有当热电偶两端温度不同，热电偶的两根材料不同时才能有热电势产生。

4）材料确定后，热电势的大小只与热电偶两端的温度有关，如果使 $f(T_0)$ = 常数，则回路热电势 $E_{AB}(T,T_0)$ 就只与温度 T 有关，而且是 T 的单值函数，这就是利用热电偶测温的原理。

应该指出，在实际测量中不可能，也没有必要单独测量接触电势和温差电势，而只需测出总电势即可。由于温差电势与接触电势相比较，其值甚小，故在工程技术中认为总热电势近似等于接触电势的代数和，即

$$E_{AB}(T,T_0) \approx E_{AB}(T) - E_{AB}(T_0) \quad (3\text{-}22)$$

2. 热电偶回路性质

（1）均质导体定律

由一种均质导体组成的闭合回路，不论导体的截面积、长度如何以及是否存在温度梯度，回路中都没有电流，即不会产生热电势；反之，如果回路中有电流，则此材料一定是非均质的。均质导体定律常用于检验材料的均匀性。

（2）中间导体定律

在热电偶回路中，可以接入第3、第4或者更多种均质导体，只要接入的导体两端温度相等，则其对回路的总热电势没有影响。根据这一定律，可用任意导线连接热电偶、可在热电偶回路中接入仪表、可用开路热电偶测量温度、可用任意材料焊接热电偶。

（3）中间温度定律

接点温度为 t_1、t_3 的热电偶产生的热电势，等于该热电偶在接点温度分别为 t_1、t_2 和 t_2、t_3 时产生的热电势之和，可用下列公式表示

$$E_{AB}(t_1,t_3) = E_{AB}(t_1,t_2) + E_{AB}(t_2,t_3) \tag{3-23}$$

式中，t_1 为热端温度（℃）；t_2 为中间温度（℃）；t_3 为冷端温度（℃）。

中间温度定律是工业中使用补偿导线的理论基础，应用中间温度定律可对热电偶冷端温度误差进行修正，同时还扩展了分度表的应用范围。

3. 热电偶的材料及种类

理论上任意两种导体或半导体都可以组成热电偶，但实际上为了使热电偶具有稳定性、可互换性、足够的灵敏度以及一定的机械强度等性能，热电偶的材料一般应满足如下要求。

1）在测温范围内，热电偶性质稳定，不随时间和被测介质变化，物理化学性能稳定，不易氧化或腐蚀。

2）电导率高，热电偶本身的电阻温度系数小。

3）热电偶产生的热电势大小能够被精确地测量。

4）复现性好以便成批生产。

目前，我国常用的热电偶材料及种类有下列几种。

（1）铂铑10-铂热电偶

工业用热电偶丝的直径一般为0.5mm，实验室用可细些。

1）正极：铂铑合金（90%铂，10%铑，质量分数，下同）。

2）负极：铂丝。

3）长期使用可测到1300℃，短期可测到1600℃。

4）特点：材料性能较稳定，测量准确度较高；可做成标准热电偶或基准热电偶；测量温度较高，一般用来测量1000℃以上高温；在高温还原性气体中（如气体中含CO、H_2等）易被侵蚀，须用保护套管；材料属贵金属，成本较高；热电势较弱。

（2）镍铬-镍硅热电偶

工业用热电偶丝的直径一般为 1.2~1.5mm，实验室用可细些。

1）正极：镍铬合金（88.4%~88.9% 镍，9%~10% 铬，0.6% 硅，0.3% 锰，0.4%~0.7% 钴，质量分数）。

2）负极：镍硅合金（95.7%~97% 镍，2%~3% 硅，0.4%~0.7% 钴，质量分数）。

3）长期使用可测到 1000℃，短期可测到 1300℃。

4）特点：价格比较便宜，在工业上应用广泛；高温下抗氧化能力强，在还原性气体和含有 SO_2、H_2S 等气体中易被侵蚀；复现性好、热电势大，但精度不如铂铑 10-铂热电偶。

（3）镍铬-康铜热电偶

工业用热电偶丝直径一般为 1.2~2mm，实验室用可细些。

1）正极：镍铬合金。

2）负极：康铜合金（60% 铜，40% 镍，质量分数）。

3）长期使用可测到 600℃，短期可测到 800℃。

4）特点：价格比较便宜，工业上应用广泛；在常用热电偶中产生的热电势最大；气体硫化物对热电偶有腐蚀作用，康铜易氧化变质，适用于在还原性或中性介质中使用。

（4）铂铑 30-铂铑 6 热电偶

1）正极：铂铑合金（70% 铂，30% 铑，质量分数）。

2）负极：铂铑合金（94% 铂，6% 铑，质量分数）。

3）长期使用可测到 1600℃，短期可测到 1800℃。

4）特点：材料性能稳定、测量精度高；在还原性气体中易被侵蚀；低温热电势较小，冷端温度在 50℃以下可以不加补偿；成本高。

按照标准化程度，热电偶分为标准热电偶和非标准热电偶，以上 4 种热电偶为我国常用的标准热电偶。非标准热电偶适用于某些特殊场合使用（如高温、低温、超低温等），如铠装式热电偶和薄膜式热电偶。

1）铠装式热电偶具有惯性小、性能稳定、结构紧凑、牢固、抗振和可挠等特点，能满足某些实验研究中热电偶小型化和灵活性的需求，其由热电极、耐高温的金属氧化物粉末、不锈钢套管一起经拉细而组成一体。

2）薄膜式热电偶是采用真空蒸镀或化学涂层等制造工艺将两种热电极材料蒸镀到绝缘基板上而形成的薄膜式热电偶，其热端接点极薄（0.01~0.1μm），适用于壁面温度的快速测量，测温范围一般在 300℃以下。

3.2.4 其他接触式温度计

1. 玻璃管温度计

玻璃管温度计是利用液体体积随温度升高而膨胀的原理制作而成，最常用的液体有酒精和水银两种。

图 3-6 所示为玻璃管温度计示意图。由于液体膨胀系数比玻璃大,因此当温度升高时,在玻璃温包里的液体因膨胀而沿毛细管上升,根据玻璃管刻度标尺可以测出被测介质的温度。为了防止温度过高时液体胀裂玻璃管,在毛细管顶部一般都留有膨胀室。

玻璃管温度计因其具有读数直观、测量准确、结构简单、造价低廉、使用方便等特点,在工业和实验室获得了广泛应用。但这种温度计的缺点也很明显,如易碎、不能自动记录、信号无法远传等。

较常用的玻璃管温度计是水银温度计,虽然水银膨胀系数不大,但与其他液体相比,水银具有不易氧化、不沾玻璃、纯度高、熔点和沸点间隔大等特点,且常压下在很大温度范围内保持液态($-38 \sim 356$℃),特别是在 200℃以下体膨胀系数具有较好的线性度。

普通水银温度计的测量范围为 $-30 \sim 300$℃;如果在水银面上的空间填充一定压力的氮气,玻璃材料用石英玻璃,测温上限可达 500℃、750℃甚至高达 1200℃。如果需测 -30℃以下的温度,可用酒精、甲苯等作为玻璃管温度计的工作介质,见表 3-2。

图 3-6 玻璃管温度计示意图
1—玻璃温包 2—毛细管
3—刻度标尺 4—膨胀室

表 3-2 不同工作液体玻璃管温度计的测温范围

工作液体	测温范围 /℃	备注
水银	$-30 \sim 750$ 或更高	
甲苯	$-90 \sim 100$	
乙醇	$-100 \sim 75$	上限用加压方法获得
石油醚	$-130 \sim 25$	
戊烷	$-200 \sim 20$	

玻璃管温度计所用玻璃的材料,对温度计的质量起着重要作用。对于测温范围在 300℃以上的玻璃管温度计要用硼硅玻璃,500℃以上则需用石英玻璃。按用途分类,玻璃管温度计可分为标准水银温度计、实验室用温度计、工业用温度计和特殊用途温度计。

标准水银温度计分一等和二等两种,其最小分度值分别为 0.05℃和 0.1℃;一般来说,一等标准水银温度计主要用来校验二等标准水银温度计,而后者可以用作校验工业或实验室用各类玻璃管温度计、工业用热电偶、热电阻,也可以用作实验室精密测量之用。实验室用温度计有棒状和内标尺两种,测温范围有 $-30 \sim 350$℃(每组分若干支)和 $-30 \sim 300$℃(每组分若干支)两种。工业用温度计一般做成内标尺式,其下部有竖直、90°和 135°等形状,其外部有金属保护罩。

2. 双金属温度计

双金属温度计是由线膨胀系数相差较大的两种金属薄片接合在一起而制成的(图 3-7),

一端固定，另一端为自由端，自由端连接表盘指针的转动机构，当温度发生变化时，两种材料的长度变化量不同，使得双金属片曲率发生变化，其偏转角 α 反映了被测温度的数值，具体公式如下：

$$\alpha = \frac{360}{\pi} K \frac{L(t-t_0)}{\delta} \quad (3\text{-}24)$$

式中，K 为比弯曲（$℃^{-1}$）；L 为双金属片有效长度（mm）；δ 为双金属片总厚度（mm）；t、t_0 分别为被测温度和起始温度（$℃$）。

3. 压力式温度计

压力式温度计是根据封闭容器内的液体或气体受热而压力变化的原理制成的测温仪表。图 3-8 所示为压力式温度计原理图，其由敏感元件温包、传压毛细导管和弹簧管压力表组成。压力式温度计结构简单、可靠性高，但其动态性差，无法测量变化较快的温度。受毛细导管长度的限制，压力式温度计一般工作距离最大不超过 60m，被测温度一般为 −50～500℃；由于饱和气压和饱和气温呈非线性关系，因此温度计刻度是不均匀的。

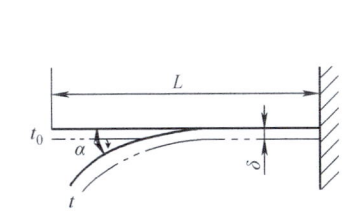

图 3-7　双金属温度计原理图

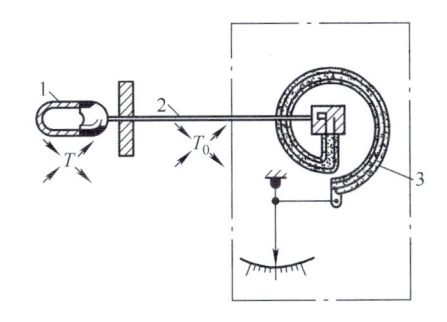

图 3-8　压力式温度计原理图

1—敏感元件温包　2—传压毛细导管　3—弹簧管压力表

3.3　非接触式测温方法

接触式测温方法虽然被广泛采用，但不适用于测量运动物体的温度和极高的温度，为此开发了非接触式测温方法。非接触式测温方法是基于辐射原理，即利用热接收器接收被测物体在不同温度下辐射能量的不同来确定被测对象的温度。目前，工业上应用的有光学高温计、辐射高温计、比色高温计、光电高温计等。现将常用的几种介绍如下。

1. 光学高温计

光学高温计是利用受热物体的单色辐射强度 E_λ 随温度的升高而增大的原理进行高温测量的仪表，由传热学可知，根据普朗克定律，黑体单色辐射强度 $E_{0\lambda}$ 为

$$E_{0\lambda} = C_1 \lambda^{-5} [\exp(C_2/\lambda T) - 1]^{-1} \quad (3\text{-}25)$$

式中，C_1 为普朗克第一辐射常数，$3.74183 \times 10^{-16} \mathrm{W \cdot m^2}$；$C_2$ 为普朗克第二辐射常数，$1.4388 \times 10^{-2} \mathrm{m \cdot K}$；$\lambda$ 为辐射波长（m）；T 为黑体绝对温度（K）。

温度在 3000K 以下，式（3-25）可用维恩公式代替，误差在 1% 以内，即

$$E_{0\lambda} = C_1 \lambda^{-5} \exp(-C_2/\lambda T) \tag{3-26}$$

如果波长 λ 已定，则可根据黑体单色辐射强度计算出黑体的温度。如果物体为灰体，只要知道灰体的单色黑度系数 ε_λ，则灰体与黑体之间辐射强度的关系为 $E_\lambda = \varepsilon_\lambda E_{0\lambda}$。

黑体在高温下会发光，即具有一定的亮度 $B_{0\lambda}$，黑体的亮度与其辐射强度成正比，即

$$B_{0\lambda} = C E_{0\lambda} \tag{3-27}$$

对于灰体，则有

$$B_\lambda = C E_\lambda = C \varepsilon_\lambda E_{0\lambda} \tag{3-28}$$

式中，C 为常数；B_λ、E_λ 分别为灰体的单色亮度和单色辐射强度。

根据以上关系可计算出黑体亮度与温度的关系

$$B_{0\lambda} = C C_1 \lambda^{-5} \exp(-C_2/\lambda T) \tag{3-29}$$

对于灰体，则有

$$B_\lambda = \varepsilon_\lambda C C_1 \lambda^{-5} \exp(-C_2/\lambda T) \tag{3-30}$$

光学高温计是用黑体的亮度进行刻度的，当采用光学高温计对灰体进行测量时需要修正。这里引出一个亮度温度的概念，即在波长为 λ 的光线中，当物体在温度 T 时的亮度和黑体在温度 T_b 时亮度相等，即 $B_\lambda = B_{0\lambda}$，则称黑体的温度 T_b 就称为该物体在波长 λ 时的亮度温度，欲知该物体的真实温度还必须加以修正，物体亮度温度与真实温度之间的关系可由下式求得

$$\frac{1}{T} = \frac{1}{T_b} + \frac{\lambda}{C_2} \ln \varepsilon_\lambda \tag{3-31}$$

2. 辐射高温计

辐射高温计也称全辐射高温计，是以斯特藩 - 玻尔兹曼定律（全辐射定律）为原理制成的温度测量仪表。根据全辐射定律，黑体全辐射强度与温度的关系式为

$$E_{0T} = \sigma T^4 \tag{3-32}$$

式中，σ 为斯特藩 - 玻尔兹曼常数，$5.67 \times 10^{-8} \mathrm{W/(m^2 \cdot K^4)}$。

对于灰体，全辐射强度与温度的关系为

$$E_T = \varepsilon_T \sigma T^4 \tag{3-33}$$

式中，ε_T 为全辐射黑度系数。

图 3-9 所示为某型号辐射高温计的辐射传感器结构图：对物透镜 1 可将辐射热能聚集在热电堆 5 上；为了使仪表在一定范围内具有统一分度值，在热电堆前布置补偿光栏 3，以调节照射到热电堆 5 上的辐射强度，从而使产品统一分度。

和光学高温计一样，辐射高温计也是按黑体进行刻度的。如果某个物体在温度 T 时的全辐射强度与黑体温度为 T_P 时的全辐射强度相等，则称 T_P 为辐射温度。物体真实温度 T 与辐射温度 T_P 的关系为

$$T = T_P \left(\frac{1}{\varepsilon_T} \right)^{1/4} \quad (3\text{-}34)$$

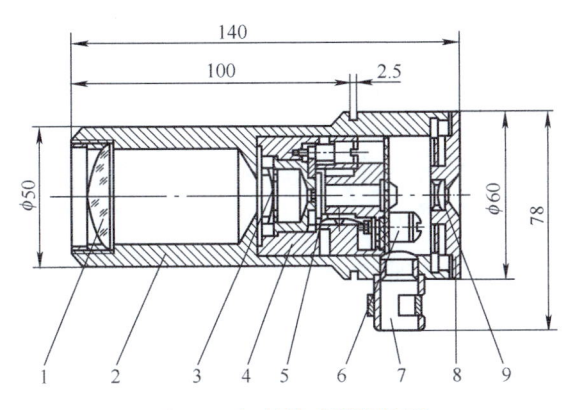

图 3-9 辐射传感器结构图

1—对物透镜　2—外壳　3—补偿光栏　4—座架　5—热电堆　6—接线柱　7—穿线套　8—盖　9—目镜

3. 比色高温计

光学高温计和辐射高温计的共同缺点是物体黑度会对测量带来较大的误差。比色高温计可有效降低物体黑度给测量带来的误差。根据维恩定律，黑体在某一温度下的辐射强度随波长的不同而不同。比色高温计就是利用两种不同波长下辐射强度的比值来测量温度的一种测温仪表。

如果黑体的温度为 T，其两种不同波长 λ_1、λ_2 的单色辐射强度分别为

$$E_{0\lambda_1} = C_1 \lambda_1^{-5} \exp(-C_2/\lambda_1 T)$$

$$E_{0\lambda_2} = C_1 \lambda_2^{-5} \exp(-C_2/\lambda_2 T)$$

对其比值求对数

$$\ln \frac{E_{0\lambda_1}}{E_{0\lambda_2}} = 5 \ln \frac{\lambda_2}{\lambda_1} + \frac{C_2}{T} \left(\frac{1}{\lambda_2} - \frac{1}{\lambda_1} \right) \quad (3\text{-}35)$$

如果 λ_1、λ_2 为定值，则

$$\ln \frac{E_{0\lambda_1}}{E_{0\lambda_2}} = A + BT^{-1} \tag{3-36}$$

式中，$A = 5\ln \frac{\lambda_2}{\lambda_1}$，$B = C_2\left(\frac{1}{\lambda_2} - \frac{1}{\lambda_1}\right)$。

由式（3-36）可以看出，单色辐射强度的比值是温度的单值函数，因此可以用其来测量温度。

对于灰体，利用比色法测出的温度定义为比色温度 T_c，其与真实温度 T 的关系可以推导出，即

$$\ln \frac{\varepsilon_{\lambda_1}}{\varepsilon_{\lambda_2}} = \left(\frac{C_2}{T_c} - \frac{C_2}{T}\right)\left(\frac{1}{\lambda_2} - \frac{1}{\lambda_1}\right) \tag{3-37}$$

4. 光电高温计

光电高温计是在光学高温计的基础上发展而来的，其利用光感元件代替肉眼来感受被测物体的亮度变化，并将亮度转换成电信号，在仪表显示器上输出温度示值。光电高温计与光学高温计相比，在结构上多了感温元件和电信号处理系统，可以实现对温度的自动连续记录。

第 4 章 流量测量

4.1 流速测量

4.1.1 流体速度的测量

在气流速度小于声速时,伯努利方程给出了同一流线上气流速率和气流其他状态参数的关系。若气流速度低,不考虑其可压缩性,由伯努利方程得

$$p + \frac{1}{2}\rho v^2 = p_0$$

即

$$v = \sqrt{\frac{2}{\rho}(p_0 - p)} \quad (4\text{-}1)$$

式中,p_0、p 分别为气流的总压和静压(Pa)。

当气流速度比较高时,需要考虑其可压缩性,可压缩气体等熵流动的伯努利方程为

$$\frac{k}{k-1}\frac{p}{\rho} + \frac{v^2}{2} = \frac{k}{k-1}\frac{p_0}{\rho_0}$$

即

$$v = \sqrt{2\frac{k}{k-1}\left(\frac{p_0}{\rho_0} - \frac{p}{\rho}\right)} \quad (4\text{-}2)$$

式中,p_0、p 分别为气流的滞止压力和静压(Pa);ρ_0、ρ 分别为气流的滞止密度和气流的密度(kg/m³);k 为气体的绝热指数;v 为可压缩气体的流速(m/s)。

可逆绝热过程有 $\frac{p}{\rho^k} = C \rightarrow p_0 = \frac{p\rho_0^k}{\rho^k}$ 和 $\left(\frac{\rho_0}{\rho}\right)^{k-1} = \left(\frac{p_0}{p}\right)^{\frac{k-1}{k}}$。由此得可压缩气体速度 v 的表达式为

$$v = \sqrt{\frac{2k}{k-1}\frac{p}{\rho}\left[\left(\frac{p_0}{p}\right)^{\frac{k-1}{k}} - 1\right]} \quad (4\text{-}3)$$

或者

$$v = \sqrt{\frac{2k}{k-1}\frac{p_0}{\rho_0}\left[1 - \left(\frac{p}{p_0}\right)^{\frac{k-1}{k}}\right]} \quad (4\text{-}4)$$

从式（4-3）和式（4-4）可以看出，当气体可压缩时，其速度主要决定于压强比。这与不可压缩气体不同，后者的速度取决于压强差。

当测量流体的速度在亚音速范围时，引入马赫数 Ma。

将式 $Ma = \dfrac{v}{c}$ 和 $c = \sqrt{k\dfrac{p}{\rho}}$ 代入式（4-3），得

$$Ma = \sqrt{\frac{2}{k-1}\left[\left(\frac{p_0}{p}\right)^{\frac{k-1}{k}} - 1\right]} \quad (4\text{-}5)$$

或者

$$\frac{p_0}{p} = \left[1 + \frac{k-1}{2}Ma^2\right]^{\frac{k}{k-1}} \quad (4\text{-}6)$$

将式（4-6）展开并写成压差的形式：

$$p_0 - p = \frac{1}{2}v^2\rho\left(1 + \frac{Ma^2}{4} + \frac{2-k}{24}Ma^4 + \cdots\right) \quad (4\text{-}7)$$

令

$$\varepsilon = \frac{Ma^2}{4} + \frac{2-k}{24}Ma^4 + \cdots \quad (4\text{-}8)$$

由此可得

$$p_0 - p = \frac{1}{2}v^2\rho(1+\varepsilon) \quad (4\text{-}9)$$

$$v = \sqrt{\frac{2(p_0 - p)}{\rho(1+\varepsilon)}} \quad (4\text{-}10)$$

式（4-10）可压缩气体的速度计算式与式（4-1）不可压缩理想流体的速度计算式相比，前者将气体的可压缩性考虑到流速计算中，所得的流速计算式增加了对压缩性的修正，ε 为修正系数，其表示气体受压缩效应的影响程度。

ε 与 Ma 的关系见表 4-1。

表 4-1　ε 与 Ma 的关系

ε	0.0025	0.0100	0.0225	0.0400	0.0620	0.0900	0.12800	0.17300	0.2190	0.2750
Ma	0.1	0.2	0.3	0.4	0.5	0.6	0.7	0.8	0.9	1.0

一般情况下测量气体速度时，$Ma > 0.3$ 以后，就应考虑气体之间的压缩效应。

4.1.2　测压管

设计测压管最主要的要求是：尽一切可能保证总压孔和静压孔受到的压力是真正被测点的总压和静压。

1. 毕托管（动压测量管）

毕托管工作原理图如图 4-1 所示。毕托管是一个弯成 90° 的同心管，主要由感测头、管身及总压和动压引出管组成。感测头端部呈锥形、圆形或椭圆形，总压孔位于感测头端部，与内管连通用来测量总压。在外管表面靠近感测头端部的适当位置有一小孔，称为静压孔，用来测量静压。

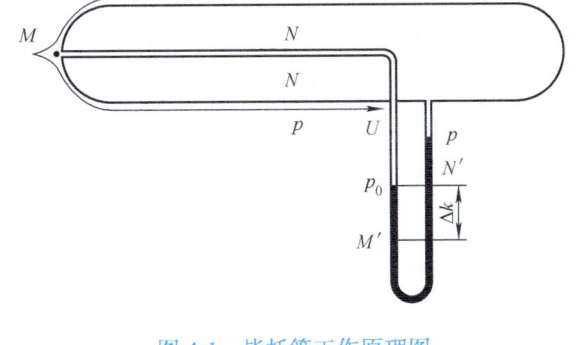

从流体绕流考虑，N 点的流动状态既受上游毕托管头部绕流的影响，又受下游毕托管立杆绕流的影响。通过实验研究发现，当静压孔 N 开在某一适当位置时，这两种影响有可能互相抵消，使得该处的压力恰好等于未插入毕托管时的静压。

图 4-1　毕托管工作原理图

在毕托管设计中，既要考虑静压孔的位置，又要考虑静压孔的数量和形状、毕托管的头部形状、总压孔的大小、探头与立杆的连接方式等，它们都会影响毕托管的测量结果。

2. S 形毕托管

S 形毕托管和直形毕托管也是常用的毕托管，其结构如图 4-2 所示。其分别由两根相同的金属管组成，感测头端部制成方向相反的两个开口。测定时，一个开口面向气流，用来测量总压；另一个开口背对气流，用来测量静压。S 形毕托管和直形毕托管可用于测量含尘浓度较高的气体流速。对于厚壁风道的空气流速测定，使用标准毕托管不方便，因为标准毕托管有一个 90° 的弯角，可以使用 S 形毕托管，也可以使用直形毕托管。

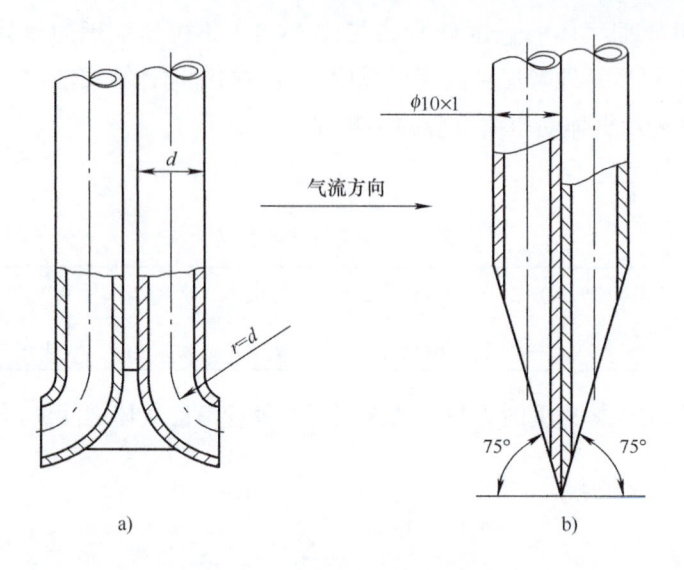

图 4-2 测高含尘气流毕托管

a）S 形毕托管　b）直形毕托管

3. 笛形动压管

笛形动压管可以测出多点压力而得到平均风速，适用于大尺寸流道内的测量。如图 4-3 所示，按一定规律开孔的笛形管垂直安装在流道内，小孔迎着气流方向，得到气流的平均总压。静压孔开在流道壁面上，笛形管的直径 d 要尽量小，常取 $d/D=0.04\sim0.09$，总压孔的面积一般不应超过笛形管内截面的 30%。

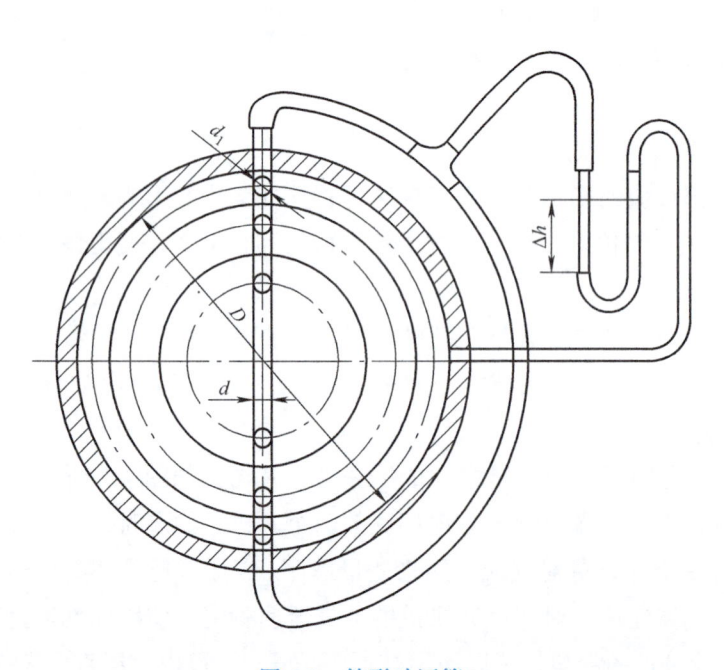

图 4-3 笛形动压管

4.1.3 流速测量技术

1. 热线风速仪

热线风速仪（Hot Wire Anemometer，HWA）是一种通过热线或热膜探头将所测量的流体速度信号转变为可以捕捉的电信号的电气仪表，如图4-4所示。由于热线风速仪的热惯性极小，测量灵敏度高，所以可以测量流体的平均流速、脉动速度等。

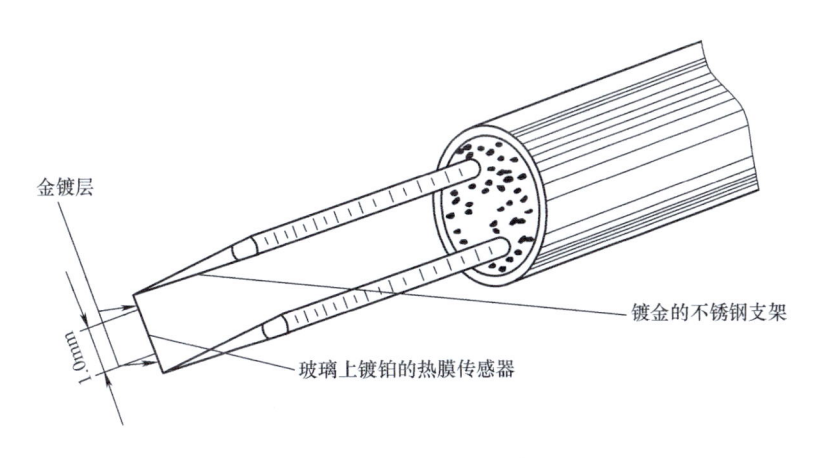

图 4-4　热线风速仪

热线风速仪的关键部件由感受件和两根支杆构成，其工作原理是，当在感受件中通有电流时，电流加热感受件使其温度高于周围所测目标流体介质的温度，感受件可以通过导热、对流、热辐射的散热方式向周围介质散热。

理论和实验验证表明，当感受件的长径比大于500时，感受件的导热损失可以忽略不计；同时由于感受件与周围介质的温差不大，辐射散热损失也可以忽略不计。感受件的主要散热方式即为强迫对流散热，而强迫对流散热强度的主要影响因素是流体的流速。因此，只需获得感受件的散热损失，即可获得流体速度的大小。

热线风速仪的感受件，即探头，为小尺寸的金属丝或热膜，金属丝探头在通电后会升温到高于环境的状态，故称为热线。因为金属铂具有高延展性，能够将其加工成微小尺寸，并且具有高熔点、防氧化等性能，所以通常采用直径为 4～5μm、长度约为 12mm 的铂丝（或铂铑合金金属丝）作为热线，通过将其焊接在两个不锈钢支杆上达到固定的作用。此外，为保证感受件的灵敏度和准确度，在热线两端包覆 12μm 厚的金铜合金，来隔绝支杆等对测量带来的干扰，使得测量敏感部位集中在热线中段。

由于热线具有机械强度低等缺点，因此热线探头不适于在液体或带有固体颗粒的气流介质中工作，此时可采用热膜探头代替热线探头。热膜探头一般由热膜、封底、导线和绝缘层等构成，其中热膜由铂喷涂在石英做成的锥形头圆柱体封底上制成，其厚度为 10^{-7}～10^{-6}m。为了与流体绝缘，热膜外会涂上一层绝缘层，热膜探头的工作原理与热线相同，主要用于液体中的速度测量。

热线测速的仪器有两种：等温型热线风速仪和等电流型热线风速仪。等温型热线风速仪的工作原理是，当流体速度增大时，热线温度降低，从而热线金属丝的电阻发生变化，流经热线的电流发生变化，风速仪设备的电桥状态改变。此时通过调节控制电阻器的电阻值来改变流经热线的电流，使得电桥恢复平衡，保持热线温度的恒定。金属丝所需要的平均加热电流 I(A) 和气流的平均速度 v(m/s) 由下面的经验公式给出：

$$I = a_1 + a_2 v^{\frac{1}{2}} \tag{4-11}$$

式中，常数 a_1 和 a_2 在校准时确定。

等电流型热线风速仪的工作原理是，保持热线中通过的电流不变，当测量流体介质的速度增大时，热线温度降低，导致热线金属丝的电阻减小，因而测得热线金属丝的电阻或温度即可得知流体的流速。等电流型热线风速仪中热线电阻 R_W(Ω) 的变化与流体流速 v(m/s) 的关系式如下：

$$R_W = \frac{R_S(a_3 + a_4 v^{0.52})}{a_3 + a_4 v^{0.52} - I^2} \tag{4-12}$$

式中，R_S 为温度为 T 时未通电的热线电阻（Ω）；a_3 和 a_4 为常数。

以上讨论的热线风速仪测速的计算，都是以来流方向垂直于热线金属丝的轴向方向为前提，并且此时的对流换热强度最大，当来流方向改变时，热线与流体介质的换热系数减小。

2. 激光测速技术

热线风速仪虽然具有适用范围广、精度高等优点，但是作为一种接触式的测量方法，不可避免地会对流场产生或多或少的影响，其对小尺寸流场中的流速产生的影响不可忽略。激光测速是一种非接触式的测量技术，不会对流场中流体的流速、流型等产生影响，因而在小尺寸管道等流速测量中得到了广泛的应用，并且，激光本身就有单色性好、相干性好、方向性强和能量密度高等优点。

激光测速技术主要有两种：激光多普勒测速技术（Laser Doppler Velocimeter，LDV）和激光双焦点测速技术（Laser Two Focus Velocimeter，L2F）。

（1）激光多普勒测速技术

激光多普勒测速技术（LDV）的测速原理是激光的多普勒效应：测量时在被测流体中掺入示踪粒子，当激光照射到粒子上将产生散射，散射光的频率与入射光的频率之间存在频率差，该频率差正比于粒子的运动速度，即流体的运动速度。因此可通过测量激光的频率差，来测量流场中流体的流速。

图 4-5 所示为激光多普勒测速仪的工作原理，光源发出的激光被分成两束，一束作为参考光，另一束进入流场被运动的粒子散射后被感受器接收：

$$v = \frac{f_D \lambda}{2\sin\left(\dfrac{\delta}{2}\right)} \qquad (4\text{-}13)$$

式中，v 为流体速度（m/s）；f_D 为散射光和参考光的多普勒频率差（Hz）；λ 为入射激光的波长（m）；δ 为参考光与粒子散射光的夹角。

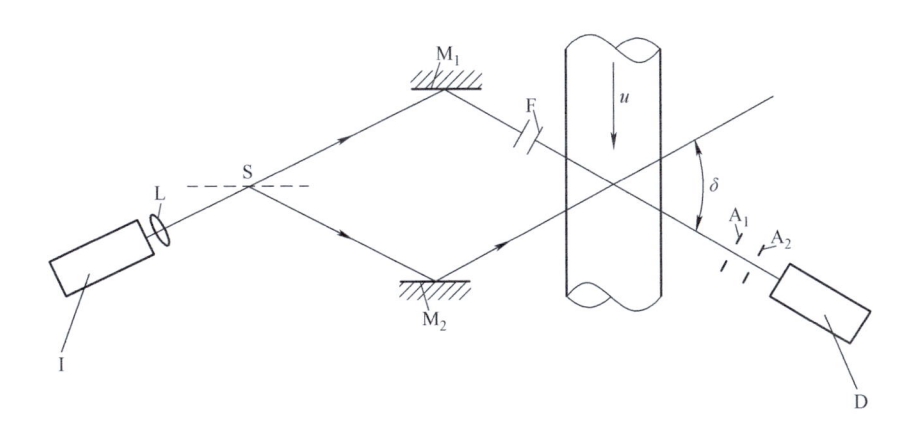

图 4-5　激光多普勒测速仪的工作原理

I—光源　D—感受器　L—透镜　M_1、M_2—反光镜　S—分光镜　A_1、A_2—光阑　F—滤光片

值得注意的是，散射粒子的选择需要满足具有良好的跟随、散射和清洁等性能要求，常用的散射粒子有 SiO_2、MgO、TiO_2、卫生香雾等。

（2）激光双焦点测速技术

激光双焦点测速技术（L2F）的原理是在被测流场中加入散射粒子，激光器发出的激光光束经过分光镜分成两束激光束，聚集在被测流场呈现出两个焦点，两焦点间的距离确定并且保持不变，焦点的大小一般为 10μm。通过测量跟随被测流场中流体同步运动的粒子穿过两焦点所用的时间，在双焦点间距确定的情况下，即可获得运动粒子的运动速度，即所测流场中流体的运动速度。

4.2　流量测量

4.2.1　流量

流体在单位时间内通过流道某一截面的量称为流体的瞬时流量，简称流量；在某段时间内，比如在时间 $t_1 \sim t_2$，对瞬时流量积分得到 $t_1 \sim t_2$ 时间内流体流过的总量，称为累积流量；累积流量除以流通时间，就可得到平均流量。

按计量流体数量的不同方法，流量可分为质量流量 q_m 和体积流量 q_V，二者满足

$$q_\mathrm{m} = \rho q_\mathrm{V}$$

式中，ρ 为被测流体的密度（kg/m³）。

在国际单位制中，q_m 的单位为 kg/s，q_V 的单位为 m³/s。因为流体的密度 ρ 随流体状态参数的变化而变化，故在给出体积流量的同时，需要指明流体所处的状态，特别是对于气体，其密度随压力、温度变化比较显著，为了便于比较，常把工作状态下的体积流量换算成标准状态下（温度为 20℃，绝对压力为 101325Pa）的体积流量，用 q_VN 表示。

测量流体流量的仪表统称为流量计或流量表。流量计的品种繁多，分类基准也有所不同，但根据测量方法的基本特点，一般可将目前所使用的流量计归纳为三种类型：一是容积式，二是速度式，三是差压式。最近也涌现出不少新型流量测量方法，下面分别进行介绍。

4.2.2 容积式流量测量方法和仪表

容积式流量计又称排量流量计，是精度最高的一类流量测量仪表。当被测液体从入口进入流量计并充满其中的固定容积空间后，流量计内的运动元件移动并将被测流体从流量计出口送出，送出流体的次数正比于通过流量计的被测流体体积。

容积式流量计可根据其中的运动部件分为椭圆齿轮型、腰轮型、齿轮型、螺杆型、刮板型、活塞型等，本节将详细介绍前两种。由于容积式流量计对被测流体的黏度不敏感，因此常被用于工业上的流体流量测量，实验室很少使用。

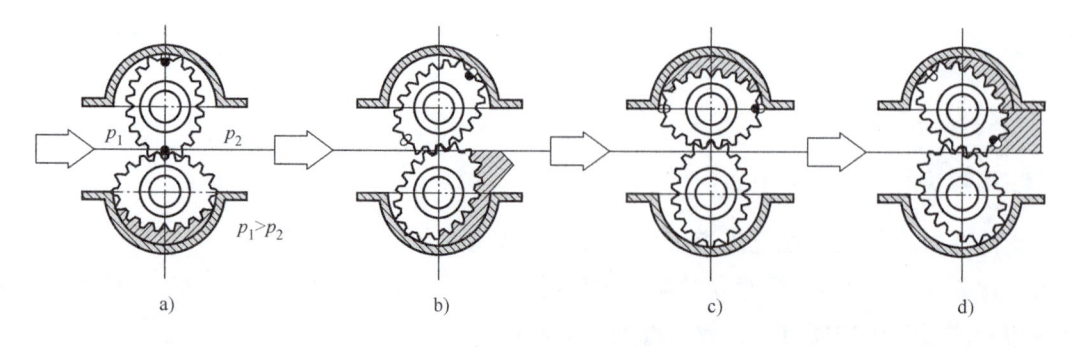

1. 椭圆齿轮流量计

椭圆齿轮流量计（Oval Gear Flowmeter）的主要部件是两个椭圆形的齿轮，如图 4-6 所示，这两个齿轮相互接触并滚动，图中的 p_1 和 p_2 分别为流量计入口和出口的压力，显然 $p_1>p_2$。在两个齿轮位于如图 4-6a 所示的状态时，上方齿轮为主动轮，下方齿轮为从动轮；当两个齿轮运动到图 4-6c 所示的状态时，下方齿轮变为主动轮，上方齿轮变为从动轮。椭圆齿轮流量计的一次循环将排出体积为 4 倍的齿轮与壳壁之间新月形空腔体积的流体，这一体积称为椭圆齿轮流量计的循环体积。

图 4-6 椭圆齿轮流量计

椭圆齿轮流量计的循环体积 V'，一定时间内的循环次数（即齿轮转动次数）N，该时间内流过流量计的被测流体体积 V，即为二者的乘积：

$$V = NV' \tag{4-14}$$

2. 腰轮流量计

腰轮流量计又称罗茨流量计（Roots Flowmeter），其测量原理与椭圆齿轮流量计一样，但与椭圆齿轮流量计不同的是，腰轮流量计的转子是两个没有齿的腰形轮，且这两个腰轮相互不直接啮合转动，而是由安装在壳体外的传动齿轮组带动，其结构与图4-7类似。

腰轮流量计可测量气体与液体的流量，精度可达 ±0.1%，并可作为标准表使用，其最大流量可达 $1000m^3/h$。

腰轮流量计具有精度高、重复性好、测量范围大的优点，对流量计前、后直管段要求不高，对流体黏度变化不敏感，因此也适于高黏度流体的流量测量，如原油和石油制品（柴油、润滑油等）。腰轮流量计能就地显示累积流量，将其远传输出接口与光电式电脉冲转换器和流量计算仪配套，能够实现远程的流量测量显示以及控制。

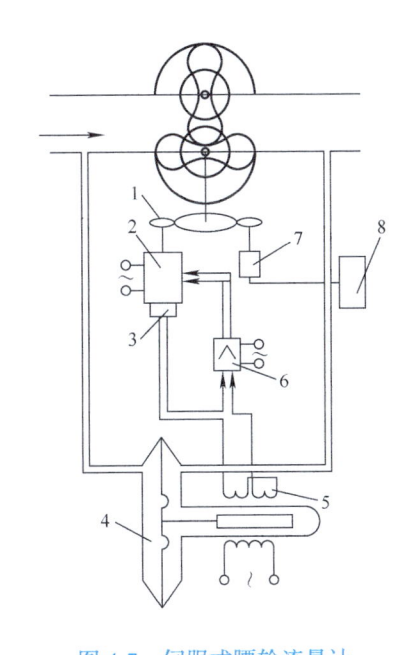

图 4-7 伺服式腰轮流量计

1—传动齿轮　2—伺服电机　3—反馈测速发电机　4—差压变送器　5—差动变压器　6—伺服放大器　7—DC测速发电机　8—显示记录器

此外，图4-7所示为一种伺服式腰轮流量计：工作时，两个腰轮由伺服电机通过传动齿轮带动，导压管将入口与出口的压力引至差压变送器，当差压大于0时，差压变送器的输出信号经放大后加快伺服电机的转速，使得腰轮转速增大，继而使流量计的排出液体量增大，从而减小入口与出口的压差，使其趋于0。这种几乎零差压的流量计能最大限度地减小被测流体的泄漏量，从而实现小流量的高精度测量，且测量误差几乎不受被测流体的黏度、密度及压力的影响。

4.2.3　速度式流量测量方法和仪表

速度式流量测量方法是当流体以某种速度流过仪表时，使得叶轮产生旋转作用，根据叶轮的转速来测定流量。其优点是工作稳定、结构简单可靠、价格低廉。

1. 涡轮流量计

涡轮流量计是一类典型的根据流体速度来测量流量的速度型流量计。涡轮流量计一般需要搭配信号转换、传输装置直观显示被测流体的流量，图4-8和图4-9分别给出了相应的系统框图和变送器结构示意图。

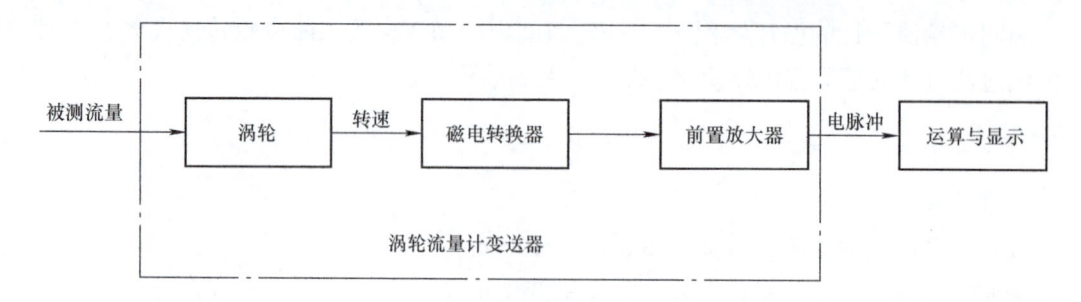

图 4-8　涡轮流量计系统框图

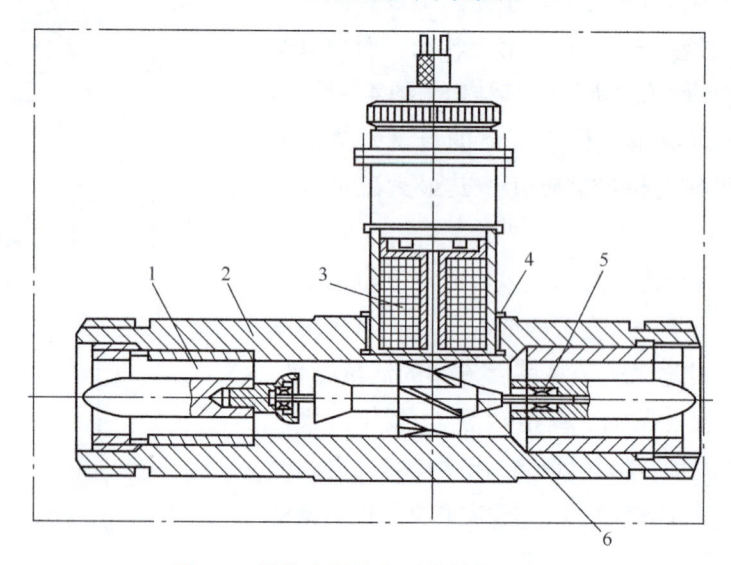

图 4-9　涡轮流量计变送器结构示意图

1—导流器　2—壳体　3—感应线圈　4—永久磁铁　5—轴承　6—涡轮

被测流体流经涡轮时推动具有高导磁性的涡轮叶片发生转动，使其周期性地通过磁电转换器的永久磁铁，进而改变磁路中的磁阻，导致通过感应线圈的磁通量发生改变。这样，线圈中将形成交变的感应电动势，最终输出具有交流特征的电脉冲信号。该脉冲信号的变化频率 f 与涡轮叶片通过永磁体的频率一致，因此其也与涡轮叶片的转速 n 成正比，即

$$f = zn \tag{4-15}$$

式中，f 为磁电转换器输出的电脉冲频率（Hz）；z 为涡轮的叶片数目；n 为涡轮转速（r/s）。

由涡轮的旋转运动方程可得，涡轮转速 n 与被测流体的平均流速 v 成正比，而被测流体的平均流速 v 又与被测流体的流量大小线性相关，因此涡轮转速 n 也与被测流体的流量大小成正比。根据上述关系并结合式（4-15），可得被测流体的流量大小 $Q_V(m^3/s)$ 与脉冲信号变化频率 f 的关系式为

$$Q_V = \frac{f}{K} \tag{4-16}$$

其数值大小受到很多因素的影响，如涡轮流量计变送器的结构、被测流体的性质等，

因此一般需通过实验来标定。测量得到涡轮流量计变送器输出的电脉冲频率后，即可根据式（4-16）计算得到被测流体的流量大小。

一般而言，仪表常数 K 的大小由涡轮流量计变送器结构特征尺寸和流体物性参数决定。对于确定的涡轮流量计变送器，其 K 值可以采用特定介质在特定的状态下进行实验标定。如果被测流体性质或工作状态偏离了标定条件，流量计的特性将会随之变化，流量的测量也会因此产生误差，所以需要特别关注这些影响测量结果的因素。目前影响测量结果的主要参数包括流体黏度、流体密度、流体压力和温度、流动状态等。

2. 涡街流量计

涡街流量计是利用流体力学中的卡门涡街原理在管道中垂直于流体流动方向放置一个非线性柱体（漩涡发生体），当流体流量增大到一定程度以后，流体在漩涡发生体两侧交替产生两列规则排列的漩涡，如图 4-10 所示。两列漩涡的旋转方向相反，且从发生体上分离出来，平行但不对称，这两列漩涡被称为卡门涡街，简称涡街。

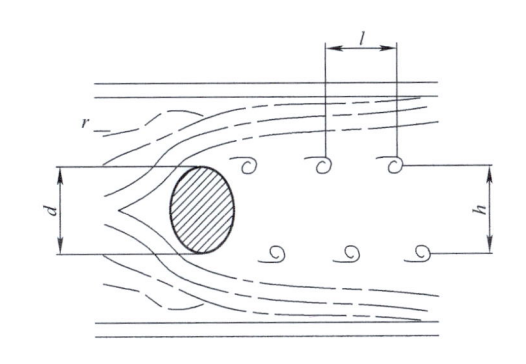

图 4-10 漩涡发生情况

图 4-11 所示为典型的涡街流量计工作原理，若漩涡之间的距离为 l，两涡街之间的距离为 h，则当 $h/l=0.281$ 时，涡街是稳定的。大量实验表明，上述漩涡的频率 f 为

$$f = S_r \frac{u'}{d} \tag{4-17}$$

式中，u' 为漩涡发生体两侧流体的流速（m/s）；d 为漩涡发生体迎流面的最大宽度（m）；S_r 为施特鲁哈尔数（Strouhal Number），当流体流动的 Re_D 数在 $5 \times 10^3 \sim 5 \times 10^5$ 时，S_r 为常数（$S_r = 0.16 \sim 0.21$）。

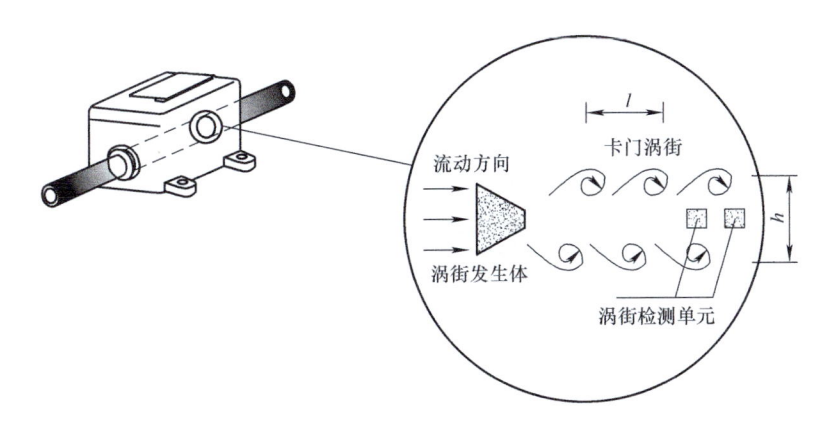

图 4-11 典型的涡街流量计工作原理

根据流动性原理

$$Au = A'u' \quad (4\text{-}18)$$

式中，A 和 u 分别为管道流通截面的面积（m²）和平均流速（m/s）；A' 为漩涡发生体的两侧流通面积（m²）。

定义截面面积比 $m=A'/A$，由式（4-17）和式（4-18）可得

$$Q_m = \rho u A \quad (4\text{-}19)$$

则体积流量 Q_V 为

$$Q_V = Au = A\frac{dm}{S_r}f \quad (4\text{-}20)$$

式（4-20）为涡街流量计的流量方程。表明：当漩涡发生体尺寸一定时（即 d 为常数），通过测量漩涡频率 f 就能换算得到待测流量。

使用涡街流量计时需要注意：①测量时流量计管路需要有直管段，且位于上游处的直管长度（管道直径为 D）应为 15~20D，位于下游处的直管长度应为 5D；②不能在层流状态下使用该流量计，因为层流状态下不能产生漩涡。

3. 靶式流量计

靶式流量计是工业应用中主要测量高黏度、低流速流体流量的装置，其检测部分示意图如图 4-12 所示，测量原理为通过管道中心的靶用螺钉感受流体流速，进而获得管道内的体积流量。具体而言，靶两侧的压差 Δp 为

$$\Delta p = \zeta \frac{\rho v^2}{2} \quad (4\text{-}21)$$

式中，ρ 和 v 分别为管道中流体的密度（kg/m³）和速度（m/s）；ζ 为流体的阻力系数。

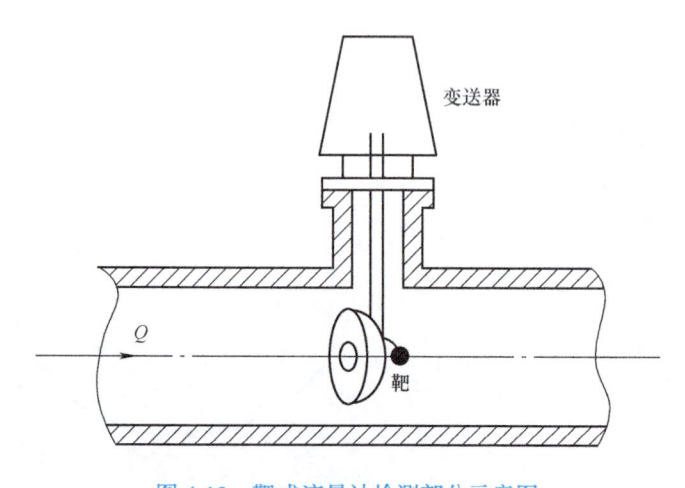

图 4-12 靶式流量计检测部分示意图

作用于靶上的力 F 为

$$F = A\Delta p = \frac{\pi}{4}d^2\xi\frac{\rho v^2}{2} \quad (4\text{-}22)$$

$$v = 2\sqrt{\frac{2F}{\pi\xi\rho d^2}} \quad (4\text{-}23)$$

式中，d、A 分别为靶的直径（m）与面积（m²）。

则流体体积流量 Q_V 可表示为

$$Q_V = \frac{\pi}{4}(D^2-d^2)v = \sqrt{\frac{\pi}{2\xi}}\frac{D^2-d^2}{d}\sqrt{\frac{F}{\rho}} = K\frac{D^2-d^2}{d}\sqrt{\frac{F}{\rho}} \quad (4\text{-}24)$$

式中，D 为管道直径（m）；K 为流量系数，$K=\sqrt{\frac{\pi}{2\xi}}$。从式（4-24）可见，流量与靶上受力的平方根成正比，只要知道了 F 就知道了流量。

由图 4-12 可知，靶式流量计通过检测电信号计算作用力进而获得管道流量，因此其具有高精度、高稳定性、便于远传等优点，但也容易受温度、冲击等外部因素的影响。

4. 进口流量管

图 4-13 所示为一种进口流量管，其装在管道的进口端面，当流体通过渐缩型面流入流量管时，流体流速变快、静压降低，在进口Ⅰ—Ⅰ截面处与测压孔Ⅱ—Ⅱ截面处之间会产生压差，该压差会受到流量的影响。因此，当该流量管的进口型线为双扭线时，进口压力损失小，流场均匀，为最优型线。

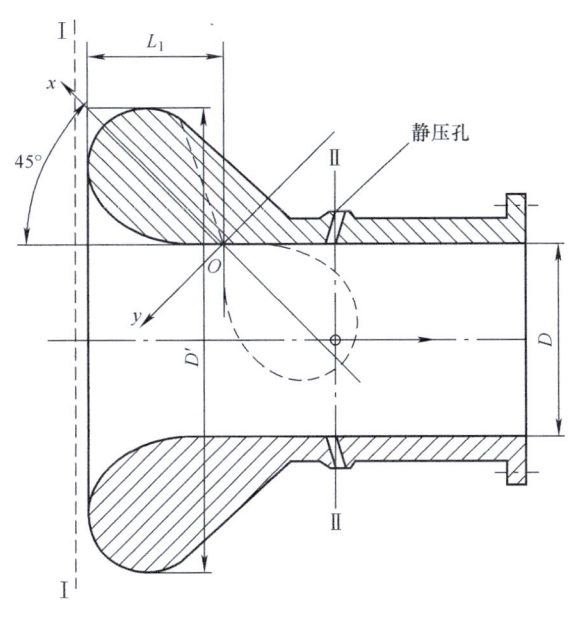

图 4-13　进口流量管

结合理想的不可压缩流体的伯努利方程，并考虑使用中的各种因素，最终得到流量方程为

$$Q_V = \frac{1}{4}\alpha''\varepsilon D^2\sqrt{2\rho(p_1-p_2)} \qquad (4\text{-}25)$$

式中，α'' 为进口流量管流量系数；ε 为进口流量管膨胀系数；D 为进口流量管直径（m）；(p_1-p_2) 为进口流量管压差（Pa）。

这里参数 α'' 和 ε 用于修正计算的流量，一般可取 $\alpha'' = 0.97 \sim 0.99$。若 $p_1 = p_a$（大气压），当 $p_1 - p_2 = 10^3 \sim 10^4$ Pa 时，膨胀系数 ε 在 $0.949 \sim 0.999$ 变化。

5. 超声波流量计

如图 4-14 所示，利用超声波在流体中的传播特性来测量流体的流速和流量，最常用的方法是测量超声波在顺流与逆流中的传播速度差。两个超声波换能器 P_1、P_2 分别安装在管道外壁两侧，以一定的倾角对称布置。超声波换能器通常采用锆钛酸铅陶瓷制成。在电路的激励下，换能器产生的超声波以一定的入射角射入管壁，在管壁内以横波形式传播，然后折射入流体，并以纵波的形式在流体内传播，最后透过介质，穿过管壁被另一换能器所接收。两个换能器是相同的，通过电子开关控制，可交替作为发射器和接收器。

设流体的流速为 v(m/s)，管道直径为 D(m)，超声波束与管道轴线的夹角为 θ，超声波在静止流体中的传播速度为 v_0(m/s)，则超声波在顺流方向的传播频率 f_1(Hz) 为

$$f_1 = \frac{v_0 + v\cos\theta}{D/\sin\theta} = \frac{(v_0 + v\cos\theta)\sin\theta}{D} \qquad (4\text{-}26)$$

超声波在逆流方向的传播频率 f_2(Hz) 为

$$f_2 = \frac{v_0 - v\cos\theta}{D/\sin\theta} = \frac{(v_0 - v\cos\theta)\sin\theta}{D} \qquad (4\text{-}27)$$

由此得流体的体积流量 Q(m³/s) 为

$$Q = \frac{\pi D^2}{4}v = \frac{\pi D^2}{4}\times\frac{D\Delta f}{\sin 2\theta} = \frac{\pi D^3 \Delta f}{4\sin 2\theta} \qquad (4\text{-}28)$$

对于一个具体的流量计，式（4-28）中 θ、D 是常数，而 D 与 f 成正比，故测量频率差 Δf 可算出流体流量。在图 4-14 中画出了测量电路框图，由于 Δf 很小，为了提高测量准确度，缩短测量时间，使用了倍频回路。然后，把倍频的脉冲数对应着顺、逆流方向进行加减运算，结果就是与流速成正比的解。

6. 电磁流量计

电磁流量计（EMF）的基本工作原理为法拉第电磁感应定律，如图 4-15 所示。

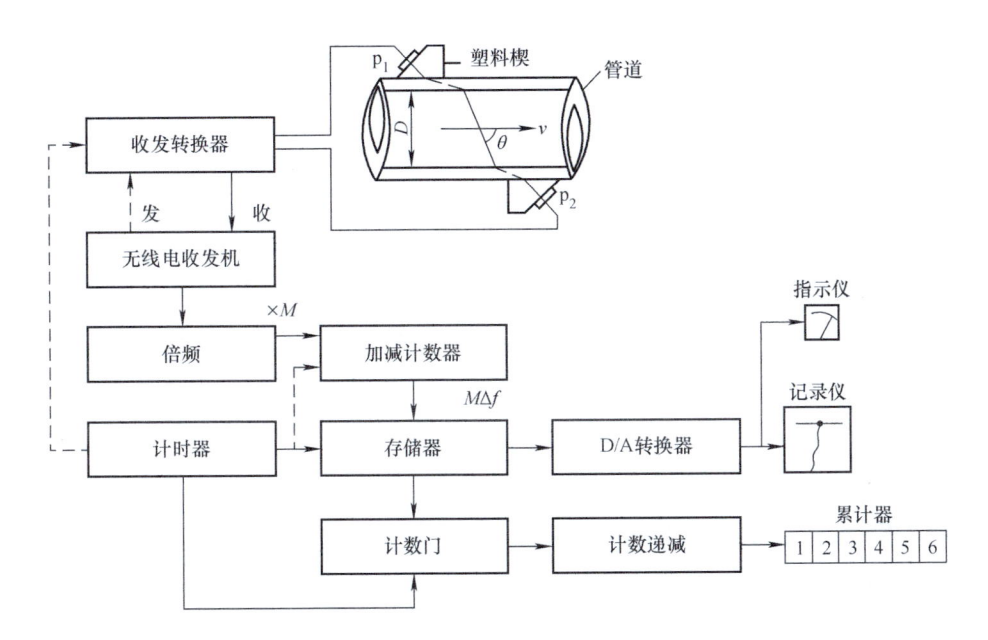

图 4-14　超声波流量计测量电路框图

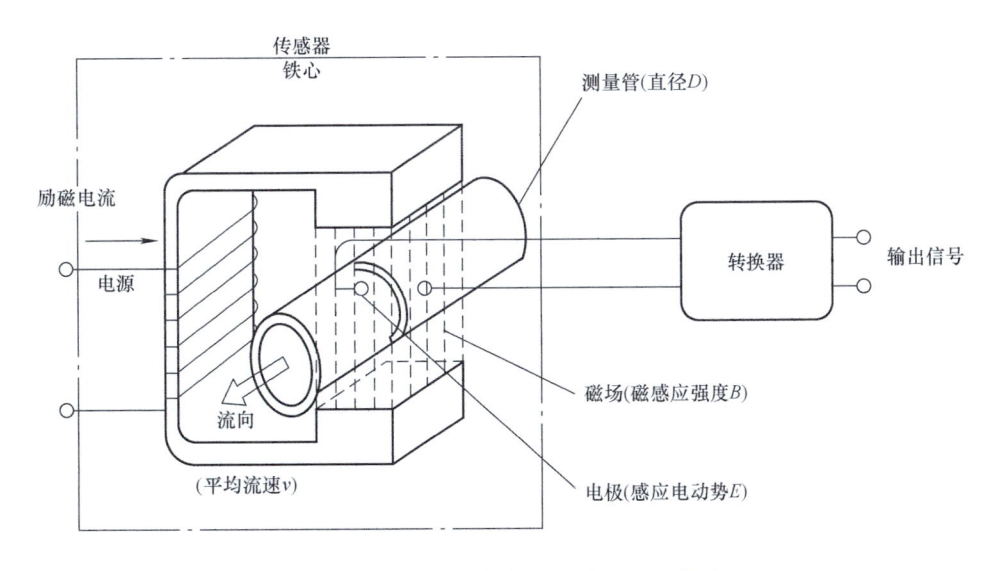

图 4-15　电磁流量计基本工作原理示意图

不导磁测量管布置在磁感应强度为 B 的磁场内，与磁场方向垂直；当作为导电体的液态流体以流速 v 通过测量管时，切割磁感应线，在与流动方向垂直的方向上产生感应电动势，其表达式为

$$E = kBDv \tag{4-29}$$

式中，E 为感应电动势（V）；k 为仪表常数，是量纲为 1 的常数；B 为磁感应强度（T）；D 为测量管直径（m）；v 为测量管内电极截面轴向上的平均流速（m/s）。

由测得的感应电动势可间接计算管中流体的体积流量 Q_V 为

$$Q_V = \frac{\pi D^2}{4} v = \frac{\pi DE}{4kB} \tag{4-30}$$

由于管道内部没有其他部件，电磁流量计不仅可以用来测量导电流体的流量，也可以用来测量不同黏度的不导电液体的流量，该流量计在核能工业中的应用十分广泛。电磁流量计具有测量精度高的优势，但也存在一些使用限制，如抗干扰能力差、要求测量介质是非磁性的液态介质，且介质内不允许夹杂空气和磁性颗粒等。

4.2.4 压差式流量测量方法和仪表

压差式流量测量方法是流量测量方法中使用历史最久和应用最广泛的一种，其共同原理是根据伯努利定律，通过测量流体流动过程中产生的压差来测量流量。属于这种测量方法的流量计有毕托管、均速管、节流（变压降）流量计。这些流量计的输出信号都是压差，故其显示仪表为压差计。此外也有改变节流件的通流面积，使不同流量下节流件前后压差维持不变，利用通流面积的大小来测量流量的转子流量计等。

1. 毕托管和均速管

毕托管测量流速的基本原理已在 4.1 节中讨论过，根据测出的流速和通道截面积就可以算出流量。用毕托管只能测出管道截面上的某一点流速，而计算容积流量需要知道截面上的平均流速，对于圆管，计算表明在层流时直径上从管壁算起 $y = 0.2929R$ 处（R 为管道内半径）的流速就可代表管道截面上的平均流速。管道截面上的流速分布与雷诺数有关，平均速度通常都用实验方法确定，即测定截面上若干个测点处的流速，求取平均值。测点的位置由国家流量测量标准规定，可参考有关资料。上述求取平均速度的方法计算繁杂，花费时间太多，只能用于稳定工况下的实验工作及大口径流量计的标定工作。

工业上常采用均速管（即阿纽巴管）来自动平均各测点的压差，在测量管道的直径方向插入圆截面的均速管。均速管的迎流面上有 4 个取压孔，测取 4 点的总压，并在均速管内腔中平均后由内插管引出；另一压力由均速管背流面管道中心处取得，如图 4-16 所示。由以上两个压力差即可求得平均速度和容积流量。4 孔位置根据计算求得

$$r_1 / R = \pm 0.4597 \tag{4-31}$$

$$r_2 / R = \pm 0.8881 \tag{4-32}$$

式中，r_1、r_2 为取压管道中心距离（m），R 为管道半径（m）。

均速管具有结构简单、安装维护方便、压损小的优点。

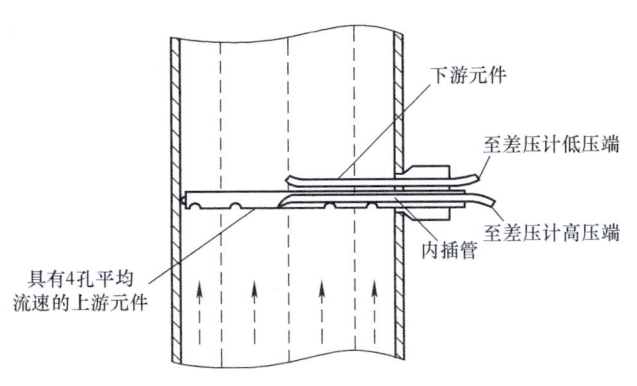

图 4-16 均速管流量计

2. 节流（变压降）流量计

常见的节流孔板是一片带有圆孔的薄板。当流体流过在管路中缩小的截面时，会造成局部收缩，引起流体动能及压力的变化，利用压差计测量出在节流件中产生的压力降，根据压差的大小即可确定流体的流量。节流孔板测差压的原理如图 4-17 所示。

首先分析流体流过节流件的流动情况，截面 1 处流体未受节流件影响，流束充满管道。流束直径即为管道直径 $D(m)$；流体压力为 $p_1(Pa)$；平均流速为 $v_1(m/s)$；流体密度为 $\rho_1(kg/m^3)$。截面 2 是节流后流束收缩为最小的截面。此流束中心处的压力为 $p_2(Pa)$；平均流速为 $v_2(m/s)$；密度 $\rho_2(kg/m^3)$；流束直径为 $d(m)$。经过截面 2 以后，流束向外扩散，流速降低，静压升高，最后在截面 3 处又恢复到流束充满管道内的情况。在流束充分恢复以后，由于流体流经节流件后的压力损失，静压力不能恢复到原来的 p_1 值。

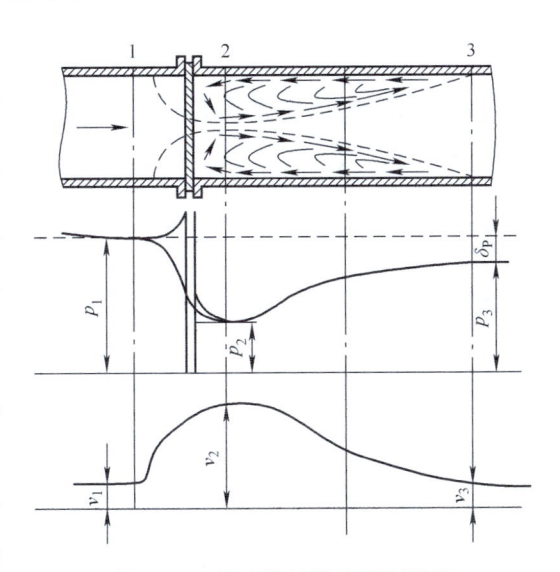

图 4-17 节流孔板测差压的原理

在截面 1 和截面 2 写出伯努利方程

$$\frac{p_1}{\rho_1}+\frac{\overline{v}_1^2}{2}=\frac{p_2}{\rho_2}+\frac{\overline{v}_2^2}{2} \tag{4-33}$$

连续性方程

$$\rho_1\frac{\pi}{4}D^2\overline{v}_1=\rho_2\frac{\pi}{4}d^2\overline{v}_2 \tag{4-34}$$

质量流量的计算公式为

$$Q_m=\frac{\pi d^2}{4}\overline{v}_2\rho_2 \tag{4-35}$$

考虑到一般有 $\rho_1=\rho_2=\rho$，由式（4-33）和式（4-34）解出后代入式（4-35），得

$$Q_\mathrm{m} = \sqrt{\frac{1}{1-\left(\dfrac{d}{D}\right)^4}} \frac{\pi}{4} d^2 \sqrt{2\rho(p_1-p_2)} \qquad (4\text{-}36)$$

式（4-36）中的 (p_1-p_2) 不是孔板取压管所测得的压差 Δp，其中 d 小于孔板的开孔直径 d_0，公式推导过程没有考虑流动损失。为了满足实际应用，将从取压点测得的压差 Δp 代替 (p_1-p_2)，用孔板开孔直径 d_0 代替 d，然后引入一个流量系数 α 进行修正，则上式变为

$$Q_\mathrm{m} = \alpha F_\mathrm{n} \sqrt{2\rho\Delta p} \qquad (4\text{-}37)$$

再考虑实际流体的可压缩性，引入一个流束膨胀系数 ε，最后得到节流孔板质量流量的实用计算公式为

$$Q_\mathrm{m} = \alpha\varepsilon F_\mathrm{n} \sqrt{2\rho\Delta p} \qquad (4\text{-}38)$$

或体积流量的计算公式为

$$Q_\mathrm{V} = \alpha\varepsilon F_\mathrm{n} \sqrt{\frac{2}{\rho}\Delta p} \qquad (4\text{-}39)$$

式中，α 与孔板尺寸、管子粗糙度及取压方式有关，由实验确定；F_n 为孔板孔口的截面面积（m^2），$F_\mathrm{n}=\dfrac{\pi}{4}d_0^2$；$\Delta p$ 为节流件前后压差（Pa）。

标准节流孔板如图 4-18 所示。标准节流孔板的设计、制造安装、使用及误差估计，都应根据我国流量测量节流装置国家标准和检定规程的规定进行。

在热工实验中，特殊情况下往往无法采用标准节流件，此时需要设计非标准节流件，设计方法与标准孔板相同，安装后需要对非标准节流件进行专门的校验。

3. 转子流量计

转子流量计用以维持节流件前后差压不变，而节流件的通流面积是按照随流量变化的原理进行测量的。转子流量计的原理如图 4-19 所示。

流量计由一段垂直安装并向上渐扩的圆锥形管和一个在锥形管内随被测介质流量大小而上下浮动的转子组成。当被测介质流过转子与管壁之间的环形通流面积时，由于节流作用在转子上下产生差压 $\Delta p=p_1-p_2$，此差压作用在转子上产生使转子向上的力。当此力与被测介质对转子的浮力之和等于转子的重量时，转子处于平衡状态，转子就稳定在锥形管的一定位置上。由于转子的重量和受到的浮力是一定的，所以在各稳定位置上转子受到的差压也是恒定的。

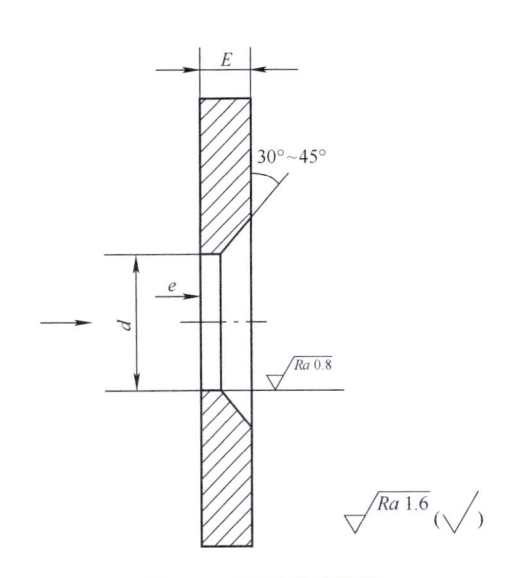

图 4-18　标准节流孔板

$E=0.02 \sim 0.05D$（D 为管径），$e=0.005 \sim 0.02D$

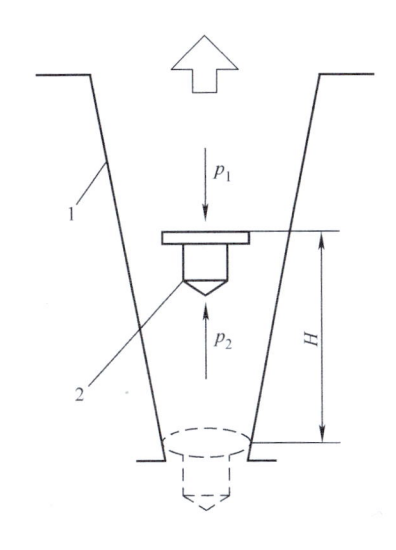

图 4-19　转子流量计的原理

1—锥形管　2—转子

当流量增大时，环形通道中流速增加，转子受到的差压增大，使转子上升；转子与管壁之间流通面积的相应增加，又使环形通道中流速下降、差压减小。直至转子上下差压恢复到原来值，此时转子平衡在上部一个新的位置上。因此，可以用转子在锥形管中的位置来指示流量的大小。

容积流量和转子高度之间的关系式为

$$Q_\mathrm{v} = \alpha CH \sqrt{\frac{2gV_\mathrm{f}}{A_\mathrm{f}}} \sqrt{\frac{\rho_\mathrm{f}-\rho}{\rho}} \tag{4-40}$$

式中，α 为与转子形状、尺寸有关的流量系数；C 为与圆锥管有关的比例常数；H 为转子在管子中的高度（m）；V_f 为转子的体积（m³）；A_f 为转子的有效横截面积（m²）；ρ_f 和 ρ 分别为转子材料和流体的密度（kg/m³）。

转子流量计使用时，如被测介质与流量计所标定的介质不同时，或更换转子材料时，都必须对原刻度进行校正。

被测流体受密度变化的影响，可用下式校正：

$$Q_\mathrm{v} = Q'_\mathrm{v} \sqrt{\frac{(\rho_\mathrm{f}-\rho)\rho_0}{(\rho_\mathrm{f}-\rho_0)\rho}} \tag{4-41}$$

式中，Q'_v 和 Q_v 为流量计的读数和被测介质流量的真实值（m³/s）；ρ_0 和 ρ 为流量计刻度时使用的流体密度和被测流体密度（kg/m³）。

因更换转子材料而改变仪表量程时，可用下式计算：

$$Q_{v}=Q_{v}'\sqrt{\frac{\rho_{f}-\rho}{\rho_{f}'-\rho}} \qquad (4\text{-}42)$$

式中，Q_v' 和 Q_v 为流量计原有刻度值和改变后的流量值（m³/s）；ρ_f' 和 ρ_f 为仪表原来转子材料和改变后转子材料的密度（kg/m³）；ρ 为被测介质密度（kg/m³）。

4.2.5 其他形式的流量计

1. 光纤压差式流量计

光纤压差式流量计实质上也是一种节流式流量计，其特点是利用光纤传感技术检测节流元件前后的压差 Δp，工作原理如图 4-20 所示。在节流元件前后分别安装一组敏感膜片和 Y 形光纤，膜片感受流体压力的作用而产生位移，Y 形光纤可以作为一种光纤位移传感器用以测量膜片位移的距离，主要原理是根据输入和输出光强的相对变化来测定的。

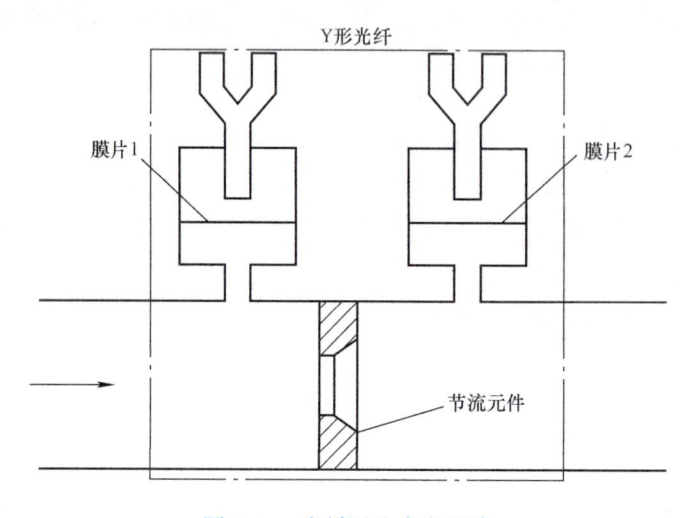

图 4-20 光纤压差式流量计

在这种测量方式中，所测出的膜片位移距离和施加在该膜片上的流体压力成正比，换句话说，也就是膜片 1 和膜片 2 的相对位移与节流装置前后所产生的压差 Δp 成正比。因此，通过测量两膜片的相对位移可以得到节流压差 Δp，然后利用流量方程式（4-43）求出被测流量。

$$Q_v = \alpha\varepsilon\frac{\pi}{4}d^2\sqrt{\frac{2\Delta p}{\rho}} = \alpha\varepsilon\frac{\pi}{4}\beta^2 D^2\sqrt{\frac{2\Delta p}{\rho}} \qquad (4\text{-}43)$$

式中，d 为节流元件的开孔直径（m）；D 为流动管道直径（m）；β 为直径比，$\beta=d/D$；$\Delta p=p_2-p_1$ 为流体流经节流元件前后的压差（Pa）；ρ 为流体在工作状态下的密度（kg/m³）；α 为流量系数，流量系数与许多因素有关，包括管道内壁面的粗糙度、流体的流动状态以及节流装置的不同形式等；ε 为流体膨胀校正系数，对于不可压缩流体，ε 与节流元件前后

的压比 p_2/p_1（或 $\Delta p/p_1$）、被测流体的等熵指数及直径比 β 等因素有关。

2. 热分布式热式质量流量计

如图 4-21 所示，热分布式热式质量流量计由细长的测量管、加热线圈、恒流电源等组成。加热线圈通常在测量管上居中布置，测温热电阻在加热线圈轴向两侧对称布置。加热线圈和测温热电阻组成测量电桥，由恒流电源供电。当测量管内没有流体流动时，被加热线圈加热的管壁轴向温度关于加热线圈中心对称分布，如图 4-21b 中的虚线所示，由于两个测温热电阻在相同的温度状态下阻值相等，测量电桥处于平衡状态，输出为零。当测量管内有流体流动时，流体与管壁之间发生热量传递，流体在从管道上游到下游的流动过程中被逐步加热，流体与管壁之间的传热温差沿轴向逐渐减小，致使管壁的轴向温度分布发生变化，如图 4-21b 中的实线所示。

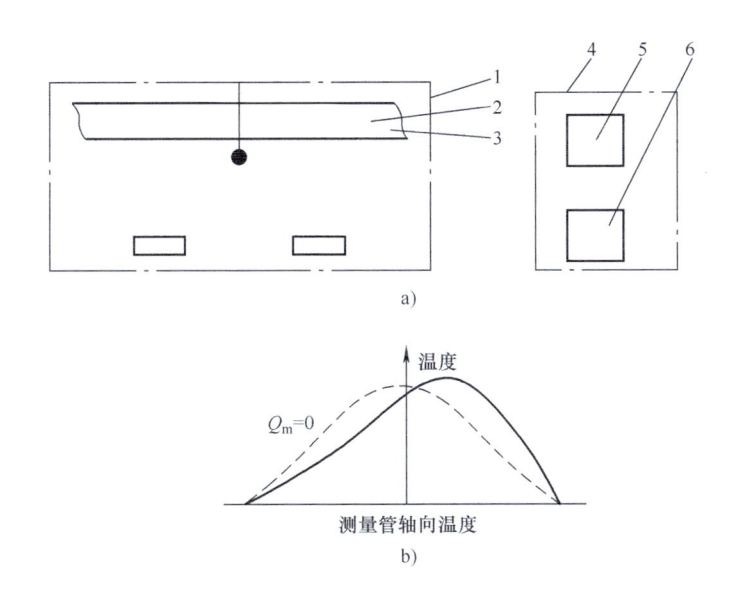

图 4-21 热分布式热式质量流量计的基本组成和工作原理示意图
1—流量传感器 2—加热线圈 3—测量管 4—转换器 5—恒流电源 6—放大器

从机制上讲，这种管壁温度分布的变化形态与管内流体的流量大小直接关联；从参数测量来看，这种温度分布的变化导致管壁上两个测温热电阻感受的温度出现差异，使阻值不再相等，电桥不再平衡，有信号输出，且输出信号的大小与两个测温热电阻测得的温差成比例。因此，可以根据测温热电阻测得的管壁上下游温差推算流经管内的流体流量，即

$$Q_\mathrm{m} = k \frac{h}{c_\mathrm{p}} \Delta T \tag{4-44}$$

式中，Q_m 为待测流体的质量流量（kg/s）；k 为仪表常数；h 为流体与管壁之间的表面传热系数；c_p 为流体的比定压热容（J/kg·K）；ΔT 为温度差异（℃）。

4.3 气液两相流测量概述

两相流（包括气固、气液、固液两相流）由于流动规律十分复杂，其流量测量要比单相流困难得多。迄今为止，尚未产生成熟的两相流流量仪表。本节仅就气液两相流的流量测量问题作概述。

4.3.1 测量原理

设气液两相流在一横截面积为 A 的管道中流动，在某一横截面上，i 相（i=G，表示气相；i=L，表示液相；下同）所占的面积为 $A_i(\text{m}^2)$；在 A_i 的任一点 r 上，i 相的轴向速度为 $v_{ir}(\text{m/s})$，其是 r 和时间 t 的函数。则 i 相在 A_i 上的平均轴向速度 v_i 为

$$v_i = \frac{1}{A_i}\int_{A_i} v_{ir}\,\mathrm{d}A \tag{4-45}$$

通常，液相速度 v_L 和气相速度 v_G 并不相等，即气液两相流之间存在相对运动。定义滑动比 s 来表示两相速度的差异：

$$s = \frac{v_\mathrm{G}}{v_\mathrm{L}} \tag{4-46}$$

根据速度和流量的关系，可得 i 相的容积流量 $Q_i(\text{m}^3/\text{s})$ 和质量流量 $G_i(\text{kg/s})$ 分别为

$$Q_i = \int_{A_i} v_{ir}\,\mathrm{d}A = A_i v_i \tag{4-47}$$

$$G_i = \int_{A_i} \rho_i v_{ir}\,\mathrm{d}A \tag{4-48}$$

式中，ρ_i 为 i 相在 A_i 上的密度（kg/m^3）。

两相总的容积流量 Q 和质量流量 G 分别为

$$Q = Q_\mathrm{G} + Q_\mathrm{L} \tag{4-49}$$

$$G = G_\mathrm{G} + G_\mathrm{L} \tag{4-50}$$

一般对亚声速两相流，ρ_i 在 A_i 上完全可认为是常数，这时

$$G_i = \rho_i \int_{A_i} v_{ir}\,\mathrm{d}A = \rho_i v_i A_i = \rho_i Q_i \tag{4-51}$$

显然，以上各式中的 Q_i、Q、G_i、G 都是瞬时流量。和单相流一样，可以在时间间隔 $\left[t-\frac{T}{2}, t+\frac{T}{2}\right]$ 内取平均值，得到这段时间间隔内的平均流量，即

$$\bar{Q}_i = \frac{1}{T}\int_{i-T/2}^{i+T/2} Q_i \mathrm{d}t \tag{4-52}$$

$$\bar{G}_i = \frac{1}{T}\int_{i-T/2}^{i+T/2} G_i \mathrm{d}t \tag{4-53}$$

$$\bar{Q} = \frac{1}{T}\int_{i-T/2}^{i+T/2} Q \mathrm{d}t \tag{4-54}$$

$$\bar{G} = \frac{1}{T}\int_{i-T/2}^{i+T/2} G \mathrm{d}t \tag{4-55}$$

含气率是分析气液两相流流量时的重要参数，根据需要，可定义如下几种含气率。

（1）在管道内某一点 r 处的时间平均含气率 α_r

在时间间隔 $\left[t-\dfrac{T}{2}, t+\dfrac{T}{2}\right]$ 内，设气相流过点 r 的时间总和为 T_G，则定义

$$\alpha_r = \frac{T_\mathrm{G}}{T} \tag{4-56}$$

式中，α_r 可用针形点探头测量。

（2）截面平均含气率 α_A

$$\alpha_\mathrm{A} = \frac{A_\mathrm{G}}{A} \tag{4-57}$$

式中，A_G 为气相在 A 上所占面积的总和。

（3）容积含气率 α_Q

其定义为在某一容积内，气相体积所占的比例。α_Q 可用容积流量表示为

$$\alpha_\mathrm{Q} = \frac{Q_\mathrm{G}}{Q} \tag{4-58}$$

（4）质量含气率（干度）x

其定义为在一定质量内，气相质量所占的比例。x 可用质量流量表示为

$$x = \frac{G_\mathrm{G}}{G} \tag{4-59}$$

以上几种含气率中，α_r 是时间平均值，其余都是空间平均值。由式（4-50）、式（4-58）、式（4-59），可得 α_Q 和 x 的关系：

$$\begin{aligned}
\alpha_\mathrm{Q} &= \frac{Q_\mathrm{G}}{Q} = \frac{Q_\mathrm{G}}{Q_\mathrm{G}+Q_\mathrm{L}} = \frac{1}{1+\dfrac{Q_\mathrm{L}}{Q_\mathrm{G}}} = \frac{1}{1+\dfrac{G_\mathrm{L}\rho_\mathrm{G}}{G_\mathrm{G}\rho_\mathrm{L}}} \\
&= \frac{1}{1+\dfrac{G-G_\mathrm{G}}{G_\mathrm{G}}\dfrac{\rho_\mathrm{G}}{\rho_\mathrm{L}}} = \frac{1}{1+\dfrac{\rho_\mathrm{G}}{\rho_\mathrm{L}}\left(\dfrac{1}{x}-1\right)}
\end{aligned}$$

即

$$\alpha_Q = \frac{\rho_L x}{\rho_L x + \rho_G (1-x)} \quad (4\text{-}60)$$

$$x = \frac{\rho_G \alpha_Q}{\rho_G \alpha_Q + \rho_L (1-\alpha_Q)} \quad (4\text{-}61)$$

由式（4-46）、式（4-47）、式（4-57）、式（4-58），可得 α_A 和 α_Q 的关系：

$$\alpha_A = \frac{\alpha_Q}{\alpha_Q + s(1-\alpha_Q)} \quad (4\text{-}62)$$

$$\alpha_Q = \frac{s\alpha_A}{s\alpha_A + s(1-\alpha_A)} \quad (4\text{-}63)$$

由式（4-51）、式（4-58）、式（4-59），可得 α_A 和 x 的关系：

$$\alpha_A = \frac{\rho_L x}{\rho_L x + s\rho_G (1-x)} \quad (4\text{-}64)$$

$$x = \frac{s\rho_G \alpha_A}{s\rho_G \alpha_A + \rho_L (1-\alpha_A)} \quad (4\text{-}65)$$

为了得到分相流量 Q_G、Q_L 或 G_G、G_L，有以下几种方法：

1）由于管横截面积 A 已知，所以可分别测得含气率 α_A 和两相速度 v_G、v_L，则由 α_A 得到 A_G、A_L，再按式（4-47）计算出 Q_G 和 Q_L。如果两相密度 ρ_G 和 ρ_L 可知，则又可由式（4-51）算出 G_G 和 G_L。

2）由于总流量 G、Q 和分相流量 G_G、Q_L 以及含气率之间满足如下关系：

$$Q_G = \alpha_Q Q \quad (4\text{-}66)$$

$$Q_L = Q - Q_G \quad (4\text{-}67)$$

$$Q_G = xG \quad (4\text{-}68)$$

$$G = G - G_G \quad (4\text{-}69)$$

故分相流量 G_G 或 Q_L 可通过测量 G、x 或 Q、α_Q 得到。

在某些特殊情况下，总流量是已知的，即可以用单相流的测量技术精确测得，这时仅需测量含气率 α_Q 或 x 即可。例如从亚临界复合循环锅炉分离器出来的湿蒸汽（气液两相流）经过换热器后变成单相的过热蒸汽，过热蒸汽的质量流量可精确测得，显然其等于湿蒸汽的总质量流量。又如在沸腾管道中的两相流总质量流量可以通过测量进入沸腾管道的水流量而得到。但在一般情况下，总流量是未知的，这时就需要同时测量总流量和含气率参数才能得到分相流量。

为了得到总流量和含气率，可采用如下方法：以质量流量为例，用两种不同的流量仪表分别对两相流进行测量，仪表示值分别为 S_1 和 S_2，其都是 G 和 x 的函数：

$$S_1 = f_1(G, x) \tag{4-70}$$

$$S_2 = f_2(G, x) \tag{4-71}$$

二式联立，即可解出 G 和 x。

要通过实验标定或严格的理论分析确定式（4-70）和式（4-71）的函数关系，往往是非常困难的，最常用的方法是在对两相流动进行某些假设的基础上，通过理论分析得到可用的函数关系。但当实际流动状况与假设相差较大时，便会带来很大的误差。

4.3.2 几种用于两相流流量测量的仪表

两相流流量测量目前仍在发展中，国内外许多学者曾实验研究了大量的测量方法，下面仅介绍几种研究得比较多的仪表。在各种测量流量的仪表中，通常都用到截面含气率 α_A 或干度 x。目前，最成熟的测量方法是用 γ 射线仪。在下面讨论中，假定 α_A 已由 γ 射线仪测得，而在气液两相间无相对运动时，α_A 与 x 的关系为

$$\alpha_A = \frac{\rho_L x}{\rho_L x + s \rho_G (1-x)} \tag{4-72}$$

$$x = \frac{\rho_G \alpha_A}{\rho_G \alpha_A + \rho_L (1-\alpha_A)} \tag{4-73}$$

1. 靶式流量计

靶式流量计用于单相流流量测量，技术已较成熟，但用于两相流，其特性尚未完全清楚。一般认为，作用在靶上的总力 F 由两部分构成，一部分是气相的作用力，一部分是液相的作用力。按照与单相流体相似的作用原理，F 可表示为

$$F = \frac{K_G}{2} \alpha_A \rho_G v_G^2 A_0 + \frac{K_L}{2} (1-\alpha_A) \rho_L v_L^2 A_0 \tag{4-74}$$

式中，A_0 为靶的面积（m²）；K_G 和 K_L 分别为气相和液相的阻力系数。

由式（4-51）、式（4-57）和式（4-59）可得

$$v_G = \frac{G_G}{\alpha_A A \rho_G} = \frac{xG}{\alpha_A A \rho_G}$$

$$v_L = \frac{G_L}{(1-\alpha_A) A \rho_L} = \frac{(1-x)G}{(1-\alpha_A) A \rho_L}$$

代入式（4-74）可得

$$F = \frac{K_G}{2}\alpha_A\rho_G A_0\left(\frac{xG}{\alpha_A A\rho_G}\right)^2 + \frac{K_L}{2}(1-\alpha_A)\rho_L A_0\left[\frac{(1-x)G}{(1-\alpha_A)A\rho_L}\right]^2$$
$$= \frac{A_0 G^2}{2A^2}\left[\frac{K_G x^2}{\alpha_A\rho_G} + \frac{K_L(1-x)^2}{(1-\alpha_A)\rho_L}\right] \tag{4-75}$$

若 $K_G = K_L = K$，则

$$F = \frac{A_0 K G^2}{2A^2}\left[\frac{x^2}{\alpha_A\rho_G} + \frac{(1-x)^2}{(1-\alpha_A)\rho_L}\right] \tag{4-76}$$

可见，总力 F 与未知参数 G、x、α_A 有关，如 α_A 已由 γ 射线仪测得，则在式（4-75）、式（4-76）中只有 G、x 未知。

进一步假定滑动比 $s=1$，则可由 α_A 按式（4-73）算出 x。此时，可得到总力 F 很简洁的表达式：

$$F = \frac{A_0 K G^2}{2A^2 \rho} \tag{4-77}$$

即

$$G = A\sqrt{\frac{2\rho F}{KA_0}} \tag{4-78}$$

式中，ρ 为两相流混合密度（kg/m³）。

$$\rho = \alpha_A\rho_G + (1-\alpha_A)\rho_L \tag{4-79}$$

于是，用 γ 射线仪和靶式流量计组合，即可测得分相流量 G_G、G_L。

应当注意，式（4-78）是在 $K_G = K_L = K$ 和 $s=1$ 的假定下得出的，如实际情况与此不符，将产生测量误差。流体在管道截面上动量分布的不均匀性也会产生测量误差。像单相流一样，采用圆盘形靶时，有些动量较高的区域可能处于靶之外，使测量值低于实际值。为了尽量避免这种情况，一般多采用带孔圆板形靶和圆形筛网状靶，如图4-22所示。

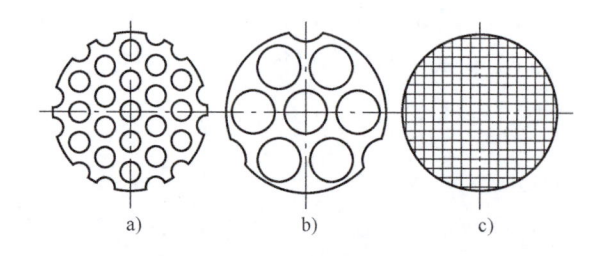

图4-22 靶的形状

a）小孔圆板形 b）大孔圆板形 c）筛网状

2. 涡轮流量计

涡轮流量计测量的是流体的速度，用于两相流时，其测得的速度 v_t 与气相速度 v_G、液相速度 v_L 的关系尚不清楚，有如下 3 种表示 v_t 和 v_G、v_L 关系的模型。

（1）体积模型

$$v_t = \alpha_A v_G + (1-\alpha_A) v_L \tag{4-80}$$

这是按照体积平衡得出的，即把 v_t 看成总体积流量 Q 和管道横截面面积 A 之比。

（2）Aya 模型

$$C_G \rho_G \alpha_A (v_G - v_t)^2 = C_L \rho_L (1-\alpha_A)(v_t - v_L)^2 \tag{4-81}$$

（3）Rouhani 模型

$$C_G x (v_G - v_t) = C_L (1-x)(v_t - v_L) \tag{4-82}$$

式（4-81）和式（4-82）中，C_G 和 C_L 分别为涡轮流量计转子对气相和液相的阻力系数。Aya 模型和 Rouhani 模型都是在动量平衡的假定下得出的，二者实际上并无区别。

把 $v_G = \dfrac{C_G}{\rho_G A_G} = \dfrac{xG}{\rho_G \alpha_A A}$ 和 $v_L = \dfrac{(1-x)G}{\rho_L (1-\alpha_A) A}$ 代入式（4-80）、式（4-81）和式（4-82）得到了上述 3 个模型量测值 v_t 和 G、x 的关系式：

$$v_t = \frac{xG}{\rho_G A} + \frac{(1-x)G}{\rho_L A} \tag{4-83}$$

$$C_G \rho_G \alpha_A \left[\frac{xG}{\rho_G \alpha_A A} - v_t\right]^2 = C_L (1-\alpha_A) \rho_L \left[v_t - \frac{(1-x)G}{\rho_L (1-\alpha_A) A}\right]^2 \tag{4-84}$$

$$C_G x \left[\frac{xG}{\rho_G \alpha_A A} - v_t\right]^2 = C_L (1-x) \left[v_t - \frac{(1-x)G}{\rho_L (1-\alpha_A) A}\right] \tag{4-85}$$

上述 3 种模型都是在做了某些理想化的假设后得到的，其测量误差取决于实际的流动状况。在水平管道上的实验表明，当 $v_G < v_L$ 时，用体积模型较好；而当 $v_G > v_L$ 时，用 Aya 模型或 Rouhani 模型较好。

涡轮流量计可与 γ 射线仪和靶式流量计组合进行流量测量。例如，用一台涡轮流量计，按式（4-85）所表示的 Rouhani 模型可得（为了简单，取 $C_G = C_L = 1$）

$$v_t = \frac{G}{A}\left[\frac{x^2}{\rho_G \alpha_A} + \frac{(1-x)^2}{\rho_L (1-\alpha_A)}\right] \tag{4-86}$$

用一台靶式流量计得式（4-76），式（4-76）和式（4-86）式都是 G、x、α_A 的函数，如果 α_A 可由 γ 射线仪测得，则将两式联立，可得

$$G = \frac{2AF}{A_0 K v_t} \quad (4\text{-}87)$$

$$\frac{x^2}{\rho_G \alpha_A} + \frac{(1-x)^2}{\rho_L (1-\alpha_A)} = \frac{A_0 K v_t^2}{2F} \quad (4\text{-}88)$$

于是，由涡轮流量计的读数 v_t 和靶式流量计的读数 F 可算得 G 和 x，从而得到分相质量流量。

应用涡轮流量计需要进一步解决两相流流型、流体的黏度、流速的分布等对测量的影响，需要找到一种能包括更多影响因素的模型以更精确地逼近实际情况。

第 5 章 气体成分分析

气体成分分析在氢能源动力领域具有广泛的用途,例如,在甲烷或天然气制氢过程中,可以通过对原料组分、中变气组分、转化气组分、尾气组分等进行成分分析,以提高制氢效率和氢气纯度;在氢燃料电池中,分析阴极氧气浓度,有利于判断燃料电池状态及寿命。本章将概述气体成分分析方法以及几种常用的气体成分分析方法与仪表。

5.1 气体成分分析方法概述

5.1.1 气体成分分析的定义与用途

气体成分分析是指通过多种分析技术和仪表设备对气体混合物中的各个组分进行分离、定性和定量分析的过程。这一过程的核心目标是确定气体样品中各成分的种类及其含量,以满足不同领域的科学研究、生产控制、环境监测等需求。气体成分分析是化学分析的一部分,其方法涉及多种物理、化学和物理化学原理,而且不同的分析方法适用于不同类型的气体样品和分析需求。

气体成分分析在环境监测、现代工业、医疗卫生、科学研究等众多领域中具有广泛应用,其主要用途如下。

1. 环境监测

环境监测是气体成分分析最重要的应用领域之一,通过监测空气中的各种气体污染物来评估和改善空气质量,保护公众健康和环境。

(1) 大气污染物监测

1) 污染源监测:气体成分分析用于监测工业排放、交通尾气等污染源的排放情况,监测污染物如二氧化硫(SO_2)、氮氧化物(NO_x)、一氧化碳(CO)、挥发性有机化合物(VOC)等,以确保排放符合环保标准。

2) 空气质量监测:在城市和农村地区设置的空气质量监测站,通过气体分析仪表实时监测空气中的主要污染物,帮助政府和环保组织制定和调整大气污染控制政策。

3) 酸雨监测:通过分析空气中的二氧化硫和氮氧化物含量,评估这些气体转化为酸雨的概率,为酸雨控制措施的制定提供参考。

（2）温室气体监测

1）全球气候研究：气体成分分析用于监测和量化大气中的温室气体，如二氧化碳（CO_2）、甲烷（CH_4）、一氧化氮（NO）等，以评估其对气候变化的影响。长期监测这些气体的浓度变化对预测气候变化趋势至关重要。

2）碳排放管理：政府和工业企业通过气体成分分析技术监测温室气体的排放情况，制定减排策略，实现碳足迹的管理与优化。

2. 现代工业

在工业生产中，气体成分分析技术用于实时监控和优化生产过程，确保产品质量、工艺的稳定性和安全性。

（1）化工生产

1）工艺控制：在化工生产过程中，气体成分分析用于监测反应器、蒸馏塔等装置内的气体组成和变化情况。通过实时分析反应物和产物的气体成分，确保反应的效率和产物的纯度，减少副产物和废气的生成。

2）泄漏检测：气体成分分析技术能够快速检测化工厂内可能存在的气体泄漏，如可燃气体、有毒气体等，保障生产安全。

（2）石油天然气工业

1）天然气组分分析：气体成分分析用于确定天然气中的甲烷、乙烷、丙烷等成分的比例，以评估气体的热值和品质，为天然气产品加工和运输策略的制定提供参考。

2）炼油过程控制：在炼油过程中，气体成分分析技术用于监控裂解、加氢、重整等工艺过程中的气体成分，确保工艺条件的优化和产品质量的稳定。

（3）冶金工业

1）炉气分析：在钢铁生产中，通过分析高炉和转炉中的炉气成分（如 CO、CO_2、O_2 等），控制燃烧条件、优化能源利用、减少碳排放。

2）气体保护焊接：分析保护气体（如 Ar、He 等）的成分，以确保焊接过程中满足气体纯度的要求，避免焊接缺陷的产生。

3. 医疗卫生

气体成分分析在医疗领域也具有重要应用，可协助诊断疾病、监控病情，并保障医院环境的安全。

（1）呼吸气体分析

1）疾病诊断：通过分析患者呼出的气体成分，可以检测特定疾病的生物标志物。例如，乙醇分析用于检测饮酒情况，丙酮分析用于糖尿病患者的代谢监控，氨分析用于肝功能障碍的检测。

2）麻醉气体监控：在外科手术中，气体成分分析用于实时监控麻醉气体的浓度，确保手术安全。

（2）空气质量管理

1）医院空气监测：通过气体成分分析检测医院内空气中的挥发性有机化合物、消毒剂残留等，保障医疗环境的清洁和安全。

2）无菌环境监控：在手术室、无菌病房等重要区域，气体分析技术用于检测空气中微量气体成分，防止交叉感染。

（3）生物医学研究

1）代谢研究：气体成分分析用于研究人体代谢过程中产生的气体，如研究人类呼吸中的二氧化碳、氧气消耗量等，帮助理解新陈代谢和能量代谢机制。

2）药物检测：通过呼吸气体分析检测药物在体内的代谢产物，用于药物代谢动力学研究和临床药物监测。

4. 科学研究

在科学研究中，气体成分分析技术被广泛用于研究自然界中气体的来源、变化规律及其对生态系统的影响。

（1）大气科学

1）痕量气体分析：气体成分分析用于测量大气中微量气体成分（如臭氧、氮氧化物、甲烷等）的浓度变化，研究其在大气中的化学反应和传输过程，这对理解臭氧层破坏、酸雨形成等大气化学问题至关重要。

2）气候变化研究：通过长期监测温室气体的浓度变化，分析气候变化的驱动因素和影响机制，帮助预测未来气候变化的趋势。

（2）地球化学

1）火山气体分析：在火山活动研究中，气体成分分析用于检测火山气体（如二氧化硫、二氧化碳、氯化氢等）的成分，预测火山喷发的可能性。

2）地热资源评估：分析地热气体中的氦气、二氧化碳、硫化氢等成分，评估地热资源的丰富性和开发潜力。

（3）生命科学

1）植物呼吸研究：气体成分分析用于研究植物在光合作用和呼吸作用中释放或吸收的气体，如氧气、二氧化碳、乙烯等，探讨植物代谢和环境适应机制。

2）动物生理研究：通过气体分析研究动物呼吸中的气体成分，了解动物在不同环境条件下的代谢变化和适应策略。

5. 能源管理

在能源领域，气体成分分析技术被广泛用于燃料质量检测、能源转化效率评估和排放控制等方面。

（1）燃气分析

1）天然气质量检测：通过分析天然气的主要成分（如甲烷、乙烷、氢气等），评估其热值、燃烧效率和经济价值，为天然气的定价和销售提供科学依据。

2）生物气体分析：分析生物质发酵过程中产生的气体成分，如甲烷、二氧化碳等，用于生物气体的质量控制和能量转化评估。

（2）能源转化

1）燃料电池研究：在燃料电池开发中，气体成分分析用于检测燃料和产物气体（如氢气、氧气、水蒸气等）的成分，优化电池性能和效率。

2）氢能研究：氢气作为清洁能源，气体成分分析用于检测氢气的纯度和杂质，确保氢能的利用效率和安全性。

（3）排放控制

1）燃烧过程监控：在火电厂、工业锅炉等燃烧设备中，气体成分分析用于监测燃烧气体成分，如二氧化碳、一氧化碳、氮氧化物等，优化燃烧条件和减少有害气体排放。

2）尾气排放检测：在汽车尾气排放检测中，气体成分分析用于检测排放气体中的污染物，评估车辆的环保性能，并帮助制定排放标准。

5.1.2 气体成分分析方法的分类

气体成分分析方法根据不同的原理、技术手段和应用场合，可以分为多种类型，每种方法都有其独特的优势和适用范围，能够满足不同分析需求。以下将从分析原理、检测对象和应用场合三个方面对气体成分分析方法进行分类。

1. 按分析原理分类

（1）色谱法（Chromatography）

色谱法是气体成分分析中最常用的方法之一，通过物质在固定相和流动相中的分配或吸附差异，实现各组分的分离和分析。常见的色谱法包括：

1）气相色谱法（Gas Chromatography, GC）。

原理：气相色谱法利用样品在固定相（如填充柱或毛细管柱）和流动相（通常为惰性气体，如氦气或氮气）之间的分配系数差异，使各组分得到分离。分离后的气体组分依次进入检测器进行检测。

应用：广泛用于有机气体和挥发性化合物的分析，如天然气成分、环境空气中 VOC、石油化工产品等。

2）液相色谱法（Liquid Chromatography, LC）。

原理：虽然液相色谱法通常用于液体样品分析，但在某些情况下，液相色谱法也可以用于气体成分的间接分析，特别是当气体被吸收或溶解在液体中时。

应用：主要用于溶液中溶解气体的分析，如水中的溶解气体分析。

（2）光谱法（Spectroscopy）

光谱法是基于气体分子对电磁辐射（如紫外光、红外光等）的吸收或发射特性，从而实现气体成分分析的方法。常见的光谱法包括：

1）傅里叶变换红外光谱法（Fourier Transform Infrared Spectroscopy，FTIR）。

原理：FTIR 通过测量气体样品对红外光的吸收光谱，分析样品中的化学键和分子结构。

气体分子在红外光谱中的吸收峰位置和强度与其成分和浓度相关。

应用：适用于多种气体的定性和定量分析，如二氧化碳、甲烷、氮氧化物、挥发性有机化合物等。

2）紫外可见光谱法（UV-Vis Spectroscopy）。

原理：气体分子在紫外光和可见光区吸收特定波长的光，产生特征吸收谱带，通过分析这些吸收光谱可以确定气体的种类和浓度。

应用：用于分析臭氧、二氧化氮等气体，尤其适用于大气污染物监测。

3）激光吸收光谱法（Laser Absorption Spectroscopy）。

原理：利用窄带激光光源，通过调谐激光波长，使其与特定气体分子的吸收波长相匹配，以分析气体成分。

应用：常用于痕量气体分析，如氨气、甲烷、乙烯、乙炔等，具有高灵敏度和选择性。

（3）质谱法（Mass Spectrometry, MS）

质谱法通过将气体样品电离成离子，并根据这些离子的质量–电荷比进行分离和检测。常见的质谱法包括：

1）气相色谱–质谱联用法（GC-MS）。

原理：GC-MS 结合了气相色谱和质谱的优点，先通过气相色谱分离气体组分，然后将分离后的组分引入质谱仪进行电离和检测。

应用：广泛用于复杂气体混合物的定性和定量分析，如环境监测中的痕量有机污染物、食品香味成分等。

2）直接质谱法。

原理：气体样品直接进入质谱仪进行电离，无须预先分离。适用于快速分析或在线监测。

应用：用于实时监测反应气体、工艺气体，或检测气体中的痕量杂质。

（4）电化学分析法（Electrochemical Analysis）

电化学分析法基于气体分子在电极表面的电化学反应，通过测量电流、电压或电导的变化来确定气体成分。常见的电化学分析法包括：

1）电化学传感器法。

原理：气体与传感器电极表面发生化学反应，产生电流或电压信号，该信号与气体浓度成正比。

应用：广泛用于便携式气体检测仪器，适合检测一氧化碳、氧气、氢气、氨气等。

2）库仑分析法（Coulometric Analysis）。

原理：通过测量气体在电极上氧化或还原所产生的电量，定量分析气体成分。

应用：适用于氧气、二氧化碳等气体的精确定量分析。

（5）化学发光法（Chemiluminescence）

化学发光法基于气体分子与特定化学试剂反应产生的光，测量发光强度来分析气体成分。

原理:气体样品中的目标成分与化学试剂发生反应,产生光辐射,通过检测发光强度和光谱特征来确定气体的浓度。

应用:常用于检测氮氧化物(NO_x)、臭氧(O_3)、硫化物等,广泛应用于大气污染物监测和汽车尾气分析。

2. 按检测对象分类

(1)痕量气体分析

痕量气体分析方法用于检测和分析气体样品中浓度极低的成分,通常在 ppm(10^{-6})或 ppb(10^{-9})级别。由于要求高灵敏度和高选择性,常采用以下方法:

1)质谱法(如 GC-MS):灵敏度高,适合痕量有机物的分析。

2)光谱法(如 FTIR、激光吸收光谱法):适合多种痕量气体的分析,如温室气体、污染物等。

(2)常量气体分析

常量气体分析主要用于检测气体混合物中的主要成分,通常浓度在百分级别。常用方法包括:

1)气相色谱法(GC):适用于多组分混合气体的定量分析。

2)电化学分析法:常用于氧气、一氧化碳、二氧化碳等常量气体的检测。

(3)复杂混合气体分析

对于含有多种成分的复杂混合气体,通常需要结合多种分析方法进行全面分析。例如:

1)气相色谱–质谱联用法(GC-MS):先通过气相色谱分离,再通过质谱检测,适用于复杂气体的详细成分分析。

2)光谱法(如 FTIR、NDIR):可同时检测多种气体成分,适用于多组分混合气体的快速分析。

3. 按应用场合分类

(1)实验室气体分析

实验室气体分析通常使用高精度、大型仪器设备,用于科研和高要求的气体成分分析。

1)气相色谱–质谱联用法(GC-MS):精度高,适用于复杂样品的详细分析。

2)傅里叶变换红外光谱法(FTIR):适用于多种气体的同时分析,常用于科研和标准测试。

(2)现场监测

现场监测通常使用便携式或在线气体分析仪器,适用于环境监测、工业过程控制等场合。

1)便携式电化学气体分析仪:轻便,适用于现场快速检测。

2)非分散红外法(NDIR):用于实时监测现场环境中的特定气体,如二氧化碳、一氧化碳等。

(3)连续监测

连续监测用于对气体浓度进行长期实时监测,通常在环境监测站或工业排放监测系统中使用。

1)在线气相色谱仪(Online GC):用于工业过程气体的连续监测。

2)光谱法在线监测仪器:如 FTIR、NDIR,适用于大气污染物、温室气体的连续监测。

5.2 氧气分析仪

氧气分析仪是一种专门用于测量环境、气体或液体中氧气浓度的仪表,在包括医疗、工业、安全监测、环境保护等多个领域具有重要应用。根据氧气分析仪工作原理和应用场景的不同,可以分为多种类型,包括热磁式氧分析仪、氧化锆氧分析仪、燃料电池式氧分析仪、激光氧分析仪、化学发光氧分析仪、光声光谱氧分析仪等。本节将介绍前3种常见的氧气分析仪的工作原理及应用场合。

5.2.1 热磁式氧分析仪

热磁式氧分析仪是一种主要利用氧的磁特性工作的用于测量气体中氧气浓度的设备。氧气是顺磁性气体(能被磁场所吸引的气体称为顺磁性气体),而且其磁化率比一般气体(氮氧化物除外)高几十倍至数百倍,这意味着含氧的混合气体磁化率主要取决于含氧气量的多少,即根据混合气体的磁化率可以确定含氧量的浓度。一般工业气体的相对磁化率(如 O_2 为 100%)见表 5-1。

表 5-1 一般工业气体的相对磁化率

气体	相对磁化率(%)
O_2	+100
NO	+36.6
NO_2	+6.16
H_2	−0.11
N_2	−0.4
水蒸气	−0.4
CO_2	−0.57
NH_3	−0.57
Ar	−0.57
CH_4	−0.68

从表 5-1 可以看出，当混合气体中含有氮氧化物（NO 和 NO_2）时不宜采用热磁式氧分析仪。氮氧化物的产生主要与高温下空气中的氮气和氧气的反应有关，而且这类反应主要发生在燃烧过程中，对于不涉及高温燃烧过程的工业气体，一般不含氮氧化物。因此，一般的工业气体氧气浓度的检测均可采用热磁式氧分析仪。

热磁式氧分析仪虽然是基于氧气的高磁化率而进行工作的，但气体磁化率的绝对值很小，难以直接测量，一般是通过热磁对流作用将对磁化率的测量转换为对热敏元件温度的测量。图 5-1 所示为热磁式氧分析仪的工作原理示意图：环形气室内的中间通道外面环绕着电阻丝，电阻丝通入电流后既起到加热的作用，同时又是测量温度变化的感温元件；电阻丝从中间一分为二，作为两个相邻的桥臂电阻 r_1、r_2，与固定电阻 R_1、R_2 组成测量电桥；中间通道的左侧设置一对小电极，以形成恒定的不均匀磁场；待测气体从底部入口进入环形气室后，由于受到磁场的吸引而进入水平通道，当它处于磁场强度最大的区域时，同时被电阻丝加热；在加热区被测气体温度升高，体积磁化率将急剧下降，受磁场的吸引力减弱；冷态的气体在磁场的作用下继续被吸引至磁场强度最大的区域，这对先前已受热的气体产生向右方向的推力，使其流动而脱离磁场区域，从而形成磁风；被测气体的磁化强度（即含氧量）越大，形成的磁风越强，带走的电阻丝热量越多，电阻丝的阻值变化越大，阻值的变化与被测气体中的氧含量成正比关系，从而实现对被测气体中氧含量的测量。

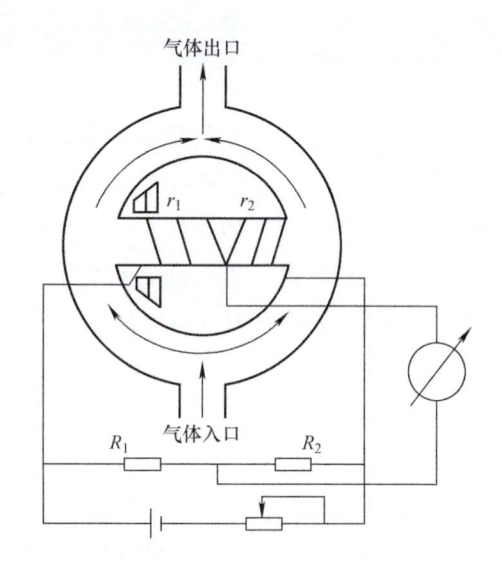

图 5-1 热磁式氧分析仪的工作原理示意图

热磁式氧分析仪的测量信号是基于被测气体在设备测量室内形成的磁风与传感器热量交换的结果，因而该设备对被测气体的流量最为敏感，为了保证测量精度，可以设置气体稳流装置。当被测气体中存在导热性较大的气体（如氢气、氦气、甲烷等）时，将产生较大的干扰。若干扰气体含量稳定，可在校正时进行补偿修正；若干扰气体含量经常变化则应预先清除这些气体，否则测量误差较大。

5.2.2 氧化锆氧分析仪

氧化锆氧分析仪主要用于测量燃烧过程中烟气的含氧浓度，也适用于非燃烧气体的氧浓度测量，其工作原理：氧化锆两侧两个铂电极所处环境中的氧分压不同时，形成浓差电池，并产生电动势，测出此电动势就可推导出氧含量。图 5-2 所示为带封头的氧化锆管，管的内外壁有铂电极，通过引出线（铂丝）与外界电路相通。

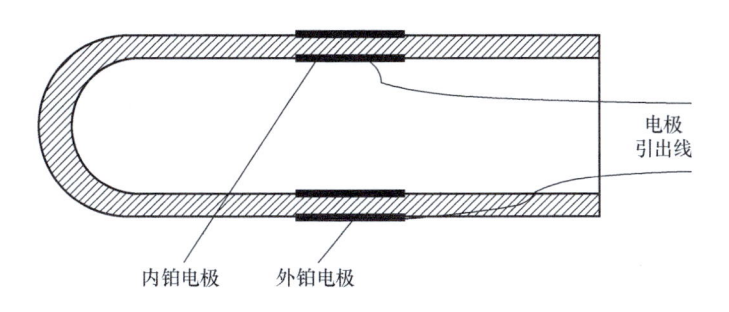

图 5-2 带封头的氧化锆管

氧化锆氧分析仪的关键部件是氧化锆，氧化锆是一种结晶体，是四价的锆被一部分二价的钙或三价的钇所取代而生成氧空穴的一种晶体。氧化锆在高温并有氧存在的情况下，其表面的氧取得了晶格中氧离子空穴中的位置而变成了氧离子，如果氧化锆两侧氧的浓度不同，则形成不同的氧离子浓度。氧离子浓度高的一侧必然向低的一侧迁移（图 5-3）。由于物质浓度的差别产生离子迁移而具有电动势，这就是浓差电池的原理。两极间产生电动势的大小与温度以及两侧氧分压的大小有关，根据能斯特方程，电池最大输出电动势 E 为

$$E = \frac{RT}{4F} \ln \frac{P_C}{P_A} \tag{5-1}$$

式中，R 为理想气体常数 [8.314J/（K·mol）]；F 为法拉第常数（96485C/mol）；T 为氧化锆温度（K）；P_C、P_A 分别为浓差电池两侧气体的氧分压（Pa），P_C 为参比气体的氧分压（一般参比气体取为空气，空气中的氧分压为 20.6%）。

图 5-4 所示为某氧化锆氧分析仪氧化锆管氧浓差电势与氧浓度的关系曲线。从图 5-4 中可以看出，不同的氧化锆温度有不同的输出曲线，为此常常将氧化锆管放入一个恒温炉内以保持氧化锆管温度稳定。也有为了简化系统将氧化锆管直接插在具有高温（一般为 600~850℃）的被测介质内而取消恒温炉，在回路中采取一定措施用以补偿被测介质由于温度波动而带来的附带误差，常用方法有热电偶或热电阻补偿。

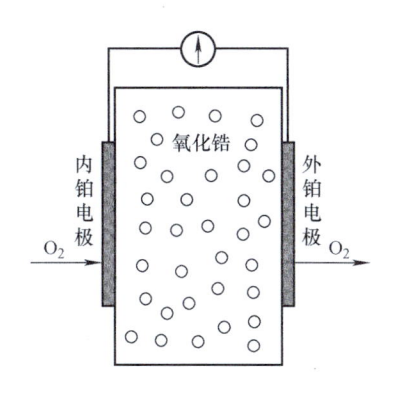

图 5-3 浓差电池原理图

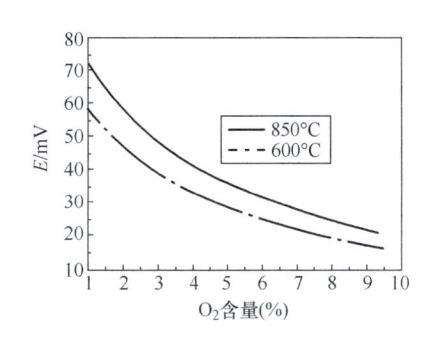

图 5-4 氧化锆管氧浓差电势与氧浓度的关系曲线

5.2.3 燃料电池式氧分析仪

燃料电池式氧分析仪是基于电化学原理测量被测气体中的含氧量，其电化学反应可以自发地进行，不需要外部供电。燃料电池式氧分析仪既可以测量微量氧，也可以测量常量氧。燃料电池式氧分析仪测量常量氧时其精度和长期使用的稳定性不如热磁式氧分析仪，只适用于要求不高的场合；燃料电池式氧分析仪测量微量氧时测量下限可达 10^{-6} 级，远低于热磁式氧分析仪（其下限为 $100\times10^{-6}\sim1000\times10^{-6}$）。

燃料电池式氧分析仪的核心部件是传感器，其是一种将化学能转换成电能的装置，一般由阴、阳极和电解质等组成。当被测气体中的氧气进入燃料电池后，将获取电子转换成离子态，再通过电解质的传递与阳极发生化学反应；反应物之一是被测气体中的氧气，另一反应物是存储在电池中的阳极，综合反应是被测气体中的氧气和阳极发生氧化反应。在化学反应中，阴、阳极之间发生电子迁移，产生电流，电流的大小与进入传感器的氧气浓度成正比关系。因此，只要准确测出阴、阳极之间的电流便可测出气体中的氧含量。

另外，根据传感器中电解质的不同，又可以将燃料电池式氧传感器分为固体燃料电池式和液体燃料电池式，其中液体燃料电池式又分为碱性燃料电池式和酸性燃料电池式。在这里，只介绍两种液体燃料电池式氧传感器。

1. 碱性燃料电池式氧传感器

碱性燃料电池式氧传感器由银阴极、铅阳极和 KOH 碱性电解液组成，适用于被测气体中含碱性成分的场合，既可测常量氧，也可测微量氧。其检测原理如图 5-5 所示，接触金属片作为电极引线分别与阴极和阳极相连，电解液通过阴极的众多圆孔外溢形成薄薄的一层电解质，薄层电解质的上面覆盖了一张气体渗透膜（如聚四氟乙烯），被测气体经过渗透膜进入薄层电解质，气体中的氧气在电池中进行下述电化学反应。

银阴极：

$$O_2 + 2H_2O + 4e^- \longrightarrow 4OH^-$$

铅阳极：

$$2Pb + 4OH^- \longrightarrow 2PbO + 2H_2O + 4e^-$$

电池综合反应：

$$O_2 + 2Pb \longrightarrow 2PbO \tag{5-2}$$

上述反应是不可逆的，OH^- 离子流产生的电流与被测气体中的氧浓度成比例。没有氧存在时，不会发生反应，也不会产生电流，传感器绝对零点。阳极的铅（Pb）在反应中不断变成氧化铅，直到铅电极耗尽为止。

2. 酸性燃料电池式氧传感器

酸性燃料电池式氧传感器由金阴极、铅阳极（或石墨阳极）、酸性电解液组成，适用于被测气体中含酸性成分的场合。酸性燃料电池式氧传感器只能测量常量氧，不能用于微量氧的测量。图 5-6 所示为酸性燃料电池式氧传感器的原理示意图，金电极为燃料电池的阴极，发生还原反应，放出电子，但对于外电路而言是正极，获得电子；铅电极为燃料电池的阳极，发生氧化反应，获得电子，但对于外电路而言是负极，提供电子。被测气体中的氧气在电解池中的电化学反应与碱性燃料电池式氧传感器的反应式相同，即如式（5-2）所示。

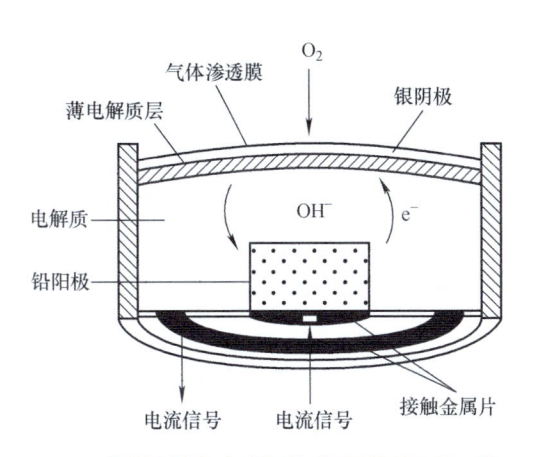

图 5-5　碱性燃料电池式氧传感器检测原理示意图

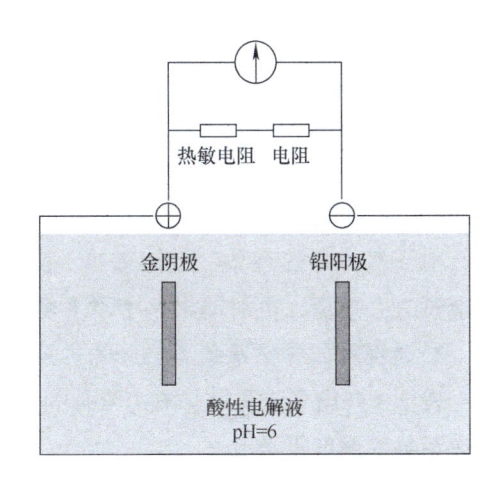

图 5-6　酸性燃料电池式氧传感器的原理示意图

5.3　氢气分析仪

氢气分析仪是一种用于检测和测量氢气浓度的仪器，广泛应用于工业、能源、化学和环境等领域。氢气是一种易燃、无色、无味的气体，因此在许多应用场合需要精确监测其浓度，以确保正常运行。氢气分析仪典型应用场合包括氢气生产、运输和使用过程中的泄漏检测、氢燃料电池监测、化工和石化工业反应过程氢气浓度监控以及环境监测，其主要特点如下：

1）灵敏度和精度：氢气分析仪通常具有高灵敏度，能够检测极低浓度的氢气，这对于防止氢气泄漏和爆炸至关重要。

2）快速响应时间：氢气分析仪能够迅速检测到氢气浓度的变化，提供实时数据，帮助用户及时采取措施。

3）多种检测原理：氢气分析仪可以基于不同的检测原理工作，如热导检测、红外吸收检测和电化学检测等，具体选择取决于应用场景。

4）应用广泛：氢气分析仪适用于各种环境，包括实验室、工业现场、发电厂、石油化工、氢燃料电池等领域。

5）便携式和固定式：氢气分析仪有便携式和固定式两种形式。便携式设备适用于现场快速检测，而固定式设备通常安装在特定位置，进行连续监测。

氢气分析仪在确保安全、优化工艺和保护环境方面发挥着重要作用。根据具体的应用需求，选择合适的氢气分析仪类型和检测原理至关重要。本节将介绍3种常用的氢气分析仪及其工作原理。

5.3.1 热导式氢分析仪

1. 概述

利用各种气体相对导热系数的差异制成的气体成分分析仪器，统称热导式气体分析仪。热导式氢分析仪是基于氢气导热系数比其他气体偏高的特性测量混合气体中氢气的含量。

热导式氢分析仪的敏感元件，一般由铂丝或钨铼丝做成，通以一定电流加热并作为平衡电桥的桥臂之一。金属丝温度较高，当被测气体通过包含该金属丝的工作室（发送器）时，由于气体导热系数、气体散热不同，金属丝的温度和电阻值也就不同，使得原来的平衡电桥失去平衡，电桥输出一个不平衡电压，从而测量出氢气的含量。

2. 混合气体导热系数与组分的关系

表 5-2 列出了常见气体在 0℃ 时的导热系数 λ_0 和相对于空气的相对导热系数 λ_0/λ_k 以及导热系数的温度系数 β。

表 5-2 常见气体的导热系数（0℃）

气体	$\lambda_0 \times 10^{-5}/[\text{cal}/(\text{cm} \cdot \text{s} \cdot ℃)]$	λ_0/λ_k	$\beta/(1/℃)$
空气	5.83	1.00	0.0028
H_2	41.60	7.15	0.0027
N_2	5.81	0.96	0.0028
O_2	5.89	1.01	0.0028
CO	5.63	0.96	0.0028
CO_2	3.50	0.61	0.0048
SO_2	2.40	0.35	—
NH_3	5.20	0.89	0.0048

被测混合气体的导热系数可由下式近似表示：

$$\lambda = \sum_{i=1}^{n} \lambda_i C_i \qquad (5\text{-}3)$$

式中，λ_i 和 C_i 分别为被测混合气体中第 i 组分气体的导热系数和体积百分浓度。

如果 λ_1 为氢气的导热系数，而且由于其余各组分气体的导热系数相近，即

$$\lambda_2 \approx \lambda_3 \approx \cdots \approx \lambda_n \tag{5-4}$$

同时,各组分体积百分浓度之和为 1,即

$$\sum_{i=1}^{n} C_i = 1 \tag{5-5}$$

将式(5-4)、式(5-5)代入式(5-3),可得:

$$\begin{aligned}\lambda &\approx \lambda_1 C_1 + \lambda_2 (C_2 + C_3 + \cdots + C_n) \\ &= \lambda_1 C_1 + \lambda_2 (1 - C_1) = \lambda_2 + (\lambda_1 - \lambda_2) C_1\end{aligned} \tag{5-6}$$

测得混合气体导热系数 λ 后,即可求得氢气的体积百分浓度:

$$C_1 = \frac{\lambda - \lambda_2}{\lambda_1 - \lambda_2} \tag{5-7}$$

由以上推论可知,当被测混合气体成分稳定时,满足各组分气体导热系数相近或近似相等,且与氢气的导热系数有明显差异[即($\lambda_1 - \lambda_2$)差值较大]这两个条件时,宜选用热导式气体分析仪。当氢气组分体积分数较低,混合气体体积分数变化较大时,不宜选用热导式气体分析仪。

3. 工作原理

图 5-7 所示为热导式氢分析仪敏感元件金属丝发送器的工作原理示意图。当被测气体混合物流过腔室时,金属丝电阻发出的热量通过以下方式向四周散热:①气体的热传导;②气体的对流传热;③电阻丝的热辐射散热;④电阻丝的轴向导热。当发送器内气流速度较低、金属丝温度不太高时,金属丝的散热以气体导热为主,根据传热学中傅里叶定律可知,在垂直于金属丝方向的导热 dQ_1 为

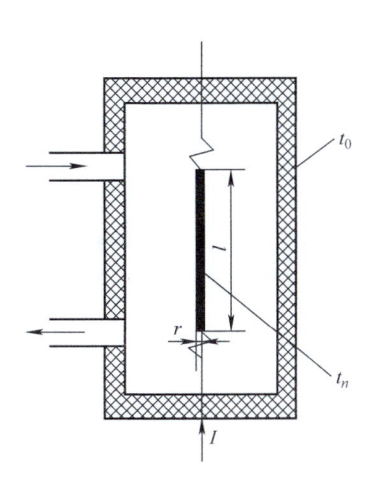

图 5-7 发送器的工作原理示意图

$$dQ_1 = -\lambda dA \frac{dt}{dr} \tag{5-8}$$

式中，$\frac{dt}{dr}$ 为与金属丝轴线垂直方向的温度梯度（℃/m）；λ 为被测气体混合物在腔室内，温度为平均温度 $(t_n - t_0)/2$ 的平均导热系数 [W/(m·℃)]，t_n、t_0 为金属丝以及腔室的壁温（℃）；dA 为半径 r、长度 dl 的圆柱体微元面积（m²），$dA = 2\pi r dl$；r 为金属丝半径（m）。

对式（5-8）进行积分并代入边界条件可获得金属丝散热方程，即

$$Q_1 = \frac{(t_n - t_0) 2\lambda \pi r l}{\ln r_0 / r_n} \tag{5-9}$$

金属丝通电后发热量为

$$Q_2 = 0.24 I^2 R \tag{5-10}$$

金属丝电阻与温度的关系为

$$R = R_0 (1 + \alpha t_n) \tag{5-11}$$

式中，I 为流过金属丝的电流（A）；R_0、R 分别为金属丝在 0℃ 和 t_n ℃ 时的电阻值（Ω）；α 为金属丝的电阻温度系数。

当发送器处于稳定状态时，$Q_1 = Q_2$，将式（5-11）代入式（5-10），最后整理可得

$$R = \frac{R_0 (1 + \alpha t_0)}{1 - \dfrac{R_0 \alpha I^2}{k\lambda}} \tag{5-12}$$

式中，$k = \dfrac{2\pi l}{0.24 \ln r_0 / r_n}$。

由式（5-12）可以看出，当 α、t_0、I、$1/k$ 为常数时，$R = f(\lambda)$，说明金属丝电阻 R 与被测气体混合物的导热系数存在对应关系，即可根据金属丝电阻求得混合物导热系数，继而由式（5-7）计算得到氢气的体积百分浓度。

5.3.2 奥氏气体分析仪

奥氏气体分析仪是利用一定的化学试剂对气体中某一组分具有选择性的吸收，从而确定待测气体浓度的一种化学吸收式气体分析仪器。当采用奥氏气体分析仪测定混合气体中的氢气浓度时，一般适用于测定混合气体中除了氢气近似认为只含有氧气（1种杂质气体）的场合，其他气体成分忽略不计。

采用奥氏气体分析仪测定被测气体中氢气浓度的工作原理，是利用氧吸收剂（碱性焦性没食子酸）将氢气中的氧吸收，由吸收氧后体积的变化计算氢气含量。碱性焦性没食子酸与氧气发生的化学反应为

$$4C_6H_3(OK)_3 + O_2 \rightarrow 2(OK)_3C_6H_2 - C_6H_2(OK)_3 + 2H_2O$$

为了获得碱性焦性没食子酸溶液，具体步骤为：取 11g 焦性没食子酸（$C_6H_3(OH)_3$）溶液于 30mL 温水中，另取 50g KOH 溶于 100mL 水中，分别得到无色透明液体，然后将这两种液体混合，并立即注入第二个吸收瓶中，用油膜封闭。两种溶液混合得到的便是褐色的焦性没食子酸钾溶液，即碱性焦性没食子酸溶液

$$C_6H_3(OH)_3 + 3KOH \rightarrow C_6H_3(OK)_3 + 3H_2O$$

图 5-8 所示为奥氏气体分析仪示意图，其由水准瓶、量气管、吸收瓶、吸收管及旋塞组成，测定步骤为：将盛有样品气体的球胆连接于进样口，上、下移动水准瓶实现进气与排气，量气管用样品气体排洗 3 次后，准确量取 100mL 样品，在吸收瓶中反复吸收至恒定，读取体积。

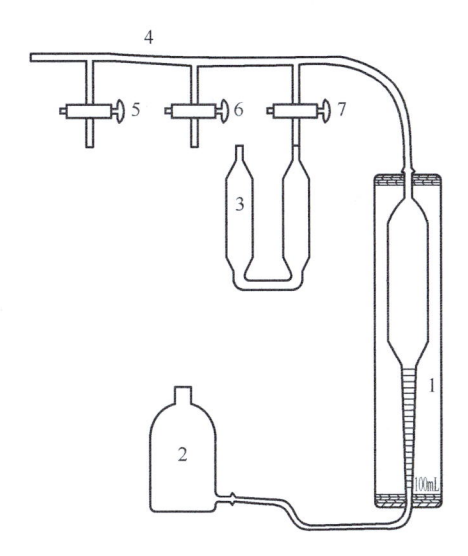

图 5-8 奥氏气体分析仪示意图

1—量气管　2—吸收瓶　3—水准瓶　4—吸收管　5～7—旋塞

在使用奥氏气体分析仪测量氢气含量时，需要注意以下事项：

1) 使用前检查仪器的气密性，如果漏气，查找旋塞及胶管连接处是否严密。

2) 样品置换两三次，再用焦性没食子酸钾吸收。

3) 焦性没食子酸钾每隔 10 天更换一次。

4) 用焦性没食子酸钾吸收前，将吸收管内气体赶净，使焦性没食子酸钾充满吸收管至旋塞连接处。

5.3.3　气相色谱分析仪

气相色谱分析仪是一种多组分分析设备，具有灵敏度高、分析速度快、应用范围广等

特点,其主要工作原理:当不同组分的气体处在不相混的相中,其中一个是固定相(固体颗粒或液体),另一个是流动相(气体),每一组分气体会有一部分被固定相吸附(即固定相对组分的吸附作用),而另一部分则停留在流动相中,将组分在固定相和流动相中浓度的比值定义为分配系数,由于不同组分的分配系数不同,其在色谱柱中停留的时间也不同,从而被分离成单个组分,继而实现对被测气体浓度的测量。

分配系数 K_i 由下式表示:

$$K_i = \frac{C_{si}}{C_{mi}} \quad (5\text{-}13)$$

式中,C_{si}、C_{mi} 分别为组分 i 在固定相和流动相中的浓度(mol/L)。

由上式可以看出,固定相对组分的吸附能力越大,分配系数也就越大。由于被分析组分在色谱仪中不是固定的,而是由流动相推着前进的,流动相带走组分滞留在流动相的那部分气体导致平衡被破坏,组分中被固定相吸附的气体重新有一部分被释放至流动相中以维持分配系数不变。以下以两组分混合气体为例,介绍采用气相色谱分析仪进行气体成分分析的主要工作过程。

假设混合气体试样中 A、B 两种组分的分配系数分别为 K_A 和 K_B,且 $K_A > K_B$。将混合气体试样送入色谱柱(色谱柱内填充固定相物质),并用载气 C 作为流动相推动试样气体在色谱柱中前进。分配系数大的组分 A 不容易被流动相带走,而分配系数小的组分 B 更容易被流动相带走,若色谱柱足够长,经过一段时间后,试样中 A、B 组分就逐渐被分离了(图 5-9)。因此,从色谱柱出口端流出的组分就只有载气 C 和组分 A 的混合物或是载气 C 和组分 B 的混合物,再分别通过鉴定器,就可以鉴定出 A、B 组分在混合气体试样中的浓度。

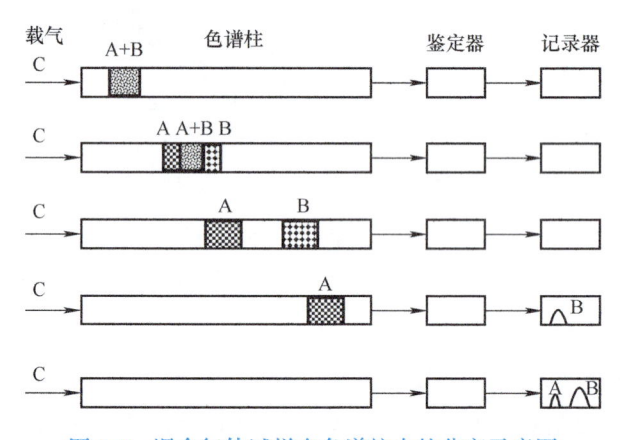

图 5-9 混合气体试样在色谱柱中的分离示意图

由气相色谱分析仪的工作原理可知,色谱柱内吸附剂(即固定相)的种类对组分分离效果具有重要影响;此外,吸附剂的粒度大小、色谱柱的长度与直径等均会影响试样组分分离性能和测量灵敏度。因此,为了获得较好的分离效果和较高的测量灵敏度,选择合理的结构参数（色谱柱长度、直径、固定相材料和粒度大小等）以及合理的运行参数是非常重要的，这往往通过调整来确定。表 5-3 所列为几种常用固定相吸附剂的性能和使用方法。

表 5-3　几种常用固定相吸附剂的性能和使用方法

固定相	最高使用温度/℃	性质	分析对象	使用前活化处理方法
活性炭	<200	非极性	惰性气体 N_2、CO_2、CH_4 等气体 C_2 烃类气体 N_2O 等	粉碎过筛后，苯浸泡几次，380℃下通入过热水蒸气，吹至乳白色物质消失 装柱使用前在 160℃烘烤 2h，商品色谱专用活性炭可不必水蒸气处理
硅胶	<400	氢键型	一般气体 C_1～C_4 烷烃 N_2O、SO_2、H_2S、COS、SF_6、CF_2Cl_2 等	粉碎过筛后，6mol/L 盐酸泡 1～2h，水洗至无 Cl^- 在 180℃烤 6～8h，装柱后再 200℃通载气活化 2h 色谱专用只需在 200℃活化处理
分子筛	<400	强极性	惰性气体 H_2、O_2、N_2、CH_4、CO 等气体 NO、N_2O 等	粉碎过筛后，用前在 550～600℃烘 2h，或在真空 350℃活化 2h
高分子多孔微球	<200	随聚合时原料不同，极性有所变化	气相和液相中水的分析、CO、CO_2、CH_4 等以及 H_2S、SO_2、NH_3、NO_2 等	170～180℃烘去微量水分后，在 H_2 或 N_2 气流中处理 10～20h

第 6 章 电化学测量

6.1 电化学测量方法

6.1.1 概述

电化学测量方法是通过电化学装置（如电解池或电化学传感器）对电极与溶液界面处的电信号进行测量，进而获取反应动力学、热力学以及结构信息的技术。电化学测量方法涉及测量电流与电压之间的关系、溶液中的离子传输，以及反应物和生成物的浓度变化，主要用于研究电化学反应过程、材料的电化学性质以及电池、传感器等电化学器件的性能。

电化学测量主要是通过在不同的测试条件下，对电极电势和电流分别进行控制和测量，并对其相互关系进行分析而实现的。对一些重要测试条件的控制和变化，形成了不同的电化学测量方法。例如，控制单向极化持续时间，可进行稳态法测量或暂态法测量；控制电极电势按照不同的波形规律变化，可进行电势阶跃、线性电势扫描、脉冲电势扫描等测量；使用宏观静止电极、旋转圆盘电极或超微电极，可明显改变电化学测量体系的动力学规律，从而获取不同的测量信息。

6.1.2 电化学测量的基本原则

由上述电化学测量的介绍可知，电化学测量的主要任务是通过电流、电压、阻抗等物理量的测量获得电极体系的相关知识，包括电极界面结构、界面上的电荷和电势分布以及在界面上进行的电化学过程规律等。在电极化中，人们习惯把发生在电极/溶液界面上的电极反应、化学转化和电极附近液层中的传质作用等一系列变化的总和统称为电极过程。燃料电池、电池、电分析传感器等涉及的电极过程是一个复杂的过程，最简单的电极过程通常包括以下四个基本过程：

1）电荷传递过程，简称传荷过程，也称电化学步骤。
2）扩散传质过程，主要是指反应物和生成物在电极界面静止液层中的扩散过程。
3）电极界面双电层的充电过程，也称非法拉第过程。
4）电荷的电迁移过程，主要是溶液中离子的电迁移过程，也称离子导电过程。

另外，还可能涉及的电极过程有电极表面的吸脱附过程、电结晶过程、伴随电化学反应的均相化学反应过程等。这些电极基本过程在整个电极过程中的地位随具体条件而变化，而整个电极过程总是表现出占据主导地位的电极基本过程的特征。

在进行电化学测量时，一般只研究某一电极基本过程，测量其过程所涉及的物理量。因此，开展电化学测量的基本原则是：研究某一基本过程，必须控制实验条件，突出主要矛盾，使该过程在电极总过程中占据主导地位，降低或消除其他基本过程的影响，通过研究总的电极过程从而达到研究这一基本过程的目标。

6.1.3　电化学测量的主要步骤

进行电化学测量包含三个主要步骤：实验条件的控制、实验结果的测量和实验结果的解析。

（1）实验条件的控制

实验条件的控制是电化学测量的基础，必须根据测量的目的来确定，具体的控制条件包括电化学系统的设计（如电极和电解质的选择与准备）、极化条件的选择（如极化程度和单向极化持续时间）、实验环境的控制（如控制环境温度和溶解氧含量、消除外界电场干扰）。

（2）实验结果的测量

实验结果的测量是获取电化学反应特性和电极行为的关键步骤，包括电极电势、极化电流、电量、阻抗、频率等物理量的测量。为了保证足够的精度和准确度，实验结果的测量主要分三个阶段，分别为电化学测量方法的选择（如循环伏安法、恒电位法、电化学阻抗谱等）、数据采集与处理、重复实验。

（3）实验结果的解析

实验结果的解析是理解电化学反应机制和电极性能的重要步骤。每一种电化学测量方法都有各自特定的数据处理方法，经过适当的解析才能从实验结果中得到有用的信息，尤其是当电极过程的动力学规律同时受到几种基本过程的影响时。实验结果的解析可采用极限简化法、方程解析法和曲线拟合法等方法，但各种方法的运用都必须建立在理论推导出来的电极过程物理模型和数学模型的基础上。

通过对这三个步骤的有效控制和深入解析，研究人员能够深入了解电化学反应的本质，为材料开发、传感器设计、电池研究等领域提供重要的数据支持和理论依据。

6.1.4　电化学测量的注意事项

在进行电化学测量时，为了确保实验数据的准确性、可靠性以及实验结果的可重复性，有以下几点注意事项。

（1）电极的选择与准备

选择合适的电极材料，以确保其化学稳定性和导电性，常见的工作电极包括玻璃碳电极、铂电极、金电极等；电极表面应保持清洁，使用前进行抛光和超声波清洗，以去除可能影响测量的杂质；保证参比电极内的电解质溶液是新鲜饱和的，常用的参比电极有Ag/AgCl和饱和甘汞电极；采用铂片或铂丝作为对电极，确保其面积足够大，以减小电流密度引起的极化效应。

（2）电解质溶液

使用高纯度的电解质溶液，避免杂质干扰电化学反应；根据实验要求配置适当浓度的电解质溶液，若浓度过低，可能影响电极反应的速率；而浓度过高，则可能导致电解质过量分解。通常使用水或其他极性溶剂，如乙腈或甲醇，溶剂应保持无水无氧，以减少副反应的发生。

（3）实验环境

保持实验温度恒定，以防止温度变化影响电极反应速率和电解质溶液的电导率；进行测量时，保持溶液的均匀性，适当搅拌以防止浓度极化；如果测量对氧气敏感，可以通过氮气或氩气吹扫，去除溶液中的溶解氧。

（4）仪器的校准

使用标准参比电极校准测量系统的电位，确保电位测量的准确性；根据实验电流大小选择适当的量程，以避免仪器饱和或数据噪声；在交流阻抗测量中，选择合适的频率范围，以覆盖反应的特征频率。

（5）数据记录与分析

设定合适的数据采集频率，确保捕捉到足够的细节而不遗漏关键反应过程；处理数据时，考虑对基线进行修正，以消除环境因素引起的干扰。

（6）安全防护

在操作强酸、强碱或有机溶剂时，佩戴手套、护目镜，穿实验服，避免与化学试剂直接接触；遵循实验室规定，对电解液、清洗液等废液进行妥善处理，防止污染环境。

6.2 电化学测量实验基本知识

6.2.1 电极

电极的概念最早是由英国科学家迈克尔·法拉第（Michael Faraday）在19世纪提出的。法拉第在他的电化学研究中引入了"电极"这一术语，用以描述电解质中的两个导电端子。这些导电端子允许电流进出电解质，从而导致化学反应的发生。电极是电化学系统中必不可少的组成部分，参与电化学反应，并在此过程中实现电能与化学能之间的转换。在电化学反应中，电极功能的具体表现为：

1）导电作用：电极连接外部电路，通过电极实现电流的传导，进而驱动电化学反应的进行。

2）反应场所：电极表面是电化学反应（氧化或还原反应）发生的主要区域，根据反应的性质，电极可以分为阳极（氧化反应）和阴极（还原反应）。

3）电位控制：电极的电位决定了其电化学反应的方向和速率，是影响电解质中离子运动的重要因素。

根据反应机理、功能和应用领域等的不同，可以将电极分为以下几类：

1）按反应机理分类：可分为金属基电极和膜电极。

① 金属基电极基于氧化还原反应，以电子的转移为基础，可进一步分为第一类电极、第二类电极、惰性电极。其中，第一类电极是指在电化学中直接与溶液中的离子形成可逆反应的电极（如银电极、锌电极），第二类电极是指通过与溶液中活性离子间接接触的方式建立电极电位的电极（如甘汞电极、氧化汞电极），惰性电极是一种不参与电化学反应而仅作为电子传导体的电极（如铂电极、金电极）。

② 膜电极也称为膜电极组件，是电化学装置中的核心组件，通常由扩散层、催化层和离子交换膜组成，广泛应用于燃料电池、电解槽和传感器中。

2）按功能分类：可分为指示电极、参比电极和辅助电极。

① 指示电极也称为测量电极或工作电极，是电化学测量时用来检测溶液中某一特定成分的电极，其对溶液中某一离子或化学物质的活度变化敏感，电极电位会随着该成分浓度的变化而变化，广泛应用于电位滴定、电极电位测量以及电化学传感器等领域，其工作原理见式（6-1）。

② 参比电极是一种具有已知和稳定电极电位的电极，主要作用是提供一个恒定的电位，以便与指示电极形成一个电化学电池，通过测量两者之间的电位差来推断指示电极的电位变化，常用的参比电极有标准氢电极、饱和甘汞电极和银/氯化银电极，其工作原理见式（6-2）。

③ 辅助电极也称为对电极或副电极，主要作用是与指示电极共同传导电流，以便在测量过程中维持指示电极的电位稳定。

$$E = E^0 + \frac{RT}{nF} \ln C \qquad (6\text{-}1)$$

$$E = E^0 + \frac{RT}{nF} \ln \frac{[Ox]}{[Red]} \qquad (6\text{-}2)$$

式中，E^0 为标准电极电位（V）；R 为通用气体常数 [8.314J/(mol·K)]；T 为绝对温度（K）；n 为电子转移数；F 为法拉第常数（C/mol）；C 为离子浓度；[Ox] 和 [Red] 分别是氧化态和还原态的浓度。

3）按应用领域分类：可分为一次电池电极、二次电池电极、燃料电池电极和生物电极。

① 一次电池电极用于一次性使用的电池，如碳锌电池、碱性电池中的电极，其化学反

应不可逆，电池用完即废弃。

② 二次电池电极用于可充电电池，如锂离子电池、镍氢电池中的电极，这类电极的化学反应是可逆的，可以通过充电恢复电极的活性。

③ 燃料电池电极能够催化燃料和氧化剂的反应，通常由贵金属（如铂）或其他催化材料制成。

④ 生物电极用于生物医学领域，与生物体接触进行信号采集或刺激，如心电图电极、脑电图电极等。

6.2.2 电极电势

为了描述电极溶液界面电场的性质，人们引入了相对电极电势的概念，简称为电极电势，用 E 来表示，其定义为：把待测电极Ⅰ与标准氢电极（电极电势为零）组成无液接界电势的电池，则待测电极Ⅰ的电极电势 E 即为此电池的开路电压。如果采用电势差计来测量这个电池两端的电压，由于电势差计采用对消法进行测量，在电势差计达到平衡时，测量电路中没有电流流过，电池相当于处于开路状态，因此测量出来的电池电压为其开路电压，即为待测电极Ⅰ的电极电势 E，电极电势的测量体系如图 6-1 所示。

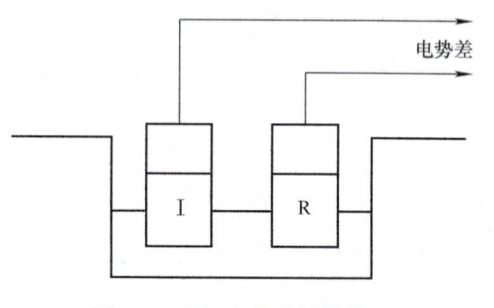

图 6-1　电极电势的测量体系
Ⅰ—待测电极　R—标准氢电极（参比电极）

电势差计所测量出来的电压，应该同电子分别与被测两相中的电化学势之差有关，即同这两相的费米能级之差有关。所以，在图 6-1 所示的测量体系中，电势差计所测量出来的电压，即待测电极Ⅰ的电极电势 E，应为

$$E = -\frac{\bar{\mu}_{e^-}^{\mathrm{I}} - \bar{\mu}_{e^-}^{\mathrm{R}}}{F} \tag{6-3}$$

式中，$\bar{\mu}_{e^-}^{\mathrm{I}}$ 和 $\bar{\mu}_{e^-}^{\mathrm{R}}$ 分别为待测电极Ⅰ和参比电极 R 的电化学势；F 为法拉第常数。

从上述公式可知，待测电极Ⅰ的电极电势 E 与电极上电子的电化学势有关，即与电极的费米能级有关，因此 E 的大小代表了电极Ⅰ进行电化学反应的能力大小。若同一个电池中存在另一个电极Ⅱ，且同电极Ⅰ的电极电势相等，则两电极上的电子电化学势必然相等，即两电极具有相同的电化学反应能力。

当用电势差计接在待测电极和参比电极之间测量电极电势时，测量电路中没有电流流过，所测得的电压为电池的开路电压，即为待测电极的电极电势 E：

$$V = V_{\text{开}} = E \tag{6-4}$$

但是，通常测量电极电势时，使用电压表作为测量仪器，电路中不可能完全没有电流，

实际上测得的电压是路端电压,并不等于待测电极的电极电势 E:

$$V = V_{\text{开}} - i_{\text{测}} R_{\text{池}} = i_{\text{测}} R_{\text{仪器}} \neq E \quad (6-5)$$

式中,V 为仪器测得的电压;$V_{\text{开}}$ 为测量电池的开路电压;$i_{\text{测}}$ 为测量电路中流过的电流;$R_{\text{池}}$ 为测量电池的内阻;$R_{\text{仪器}}$ 为测量仪器的内阻(输入阻抗)。

6.2.3 电解池

电解池是一种通过电能驱动化学反应的装置,常用于电解分解化合物,如将水分解为氢气和氧气,或将熔融的氯化钠电解成钠和氯气。在电解池中,电流通过电解液(通常是离子溶液)引发非自发的化学反应,使反应物在电极上发生氧化还原反应,实现化学转化。电解池广泛用于工业生产中,如氯碱工业、金属提取和电镀等。这里主要讨论用于实验室电化学测量的电解池。

电解池主要构成包括容器、电解质溶液、电极、电源,其各个部件需要由具有各种不同性能的材料制成,对于材料的选择要适合具体的使用环境。特别重要的性质是电解池材料的稳定性,要避免使用时材料分解产生的杂质干扰被测的电极过程。

电解池容器的材料选择对于确保实验的准确性和可靠性至关重要。选择容器材料时,需要考虑电解液的性质、温度条件、反应物的稳定性以及实验的具体要求。以下是一些常用于电解池容器的材料及其特点:

1)玻璃:玻璃具有很宽的使用温度范围,能在火焰中加工成各种形状,不易与有机溶液以及大多数无机溶液发生反应,透明度高,便于观察电解过程和反应物的变化,广泛用于实验室中的电解池,特别是在常温和中性或弱酸性电解质的情况下。

2)石英:石英玻璃的耐热性和化学稳定性优于普通玻璃,能够承受更高的温度和更强的化学腐蚀,高纯度的石英还具有很低的电导率,减少了电解过程中容器对测量的干扰,适用于高温电解反应或需要避免杂质干扰的高精度电化学测量。

3)聚四氟乙烯(Polytetrafluoroethylene,PTFE):俗称特氟龙,是一种极其耐化学腐蚀的材料,能够抵抗几乎所有的酸、碱、氧化剂和有机溶剂,具有较好的耐热性,可在200℃以下的温度范围内稳定使用,有强烈的憎水性,即可用于电解池容器材料,也可用作电解池各部件之间的密封材料。

4)聚乙烯:可以耐一般的酸、碱,但浓硫酸和高氯酸可与之发生作用,可溶于四氢呋喃中,在高温下容易发生形变,使用温度须在60℃以下,价格低廉、重量轻且容易加工制造,适用于常温下中性或弱酸碱性溶液的电解实验。

电极作为电解池的重要组成部分,其材料的选择需要视其功能的不同而有所区别。例如,指示电极,选择贵金属(铂、金)作为电极材料用于高稳定性的测量,而碳材料(玻碳、碳纳米管)用于电催化研究;参比电极,选择银、氯化银等化学性质较为稳定的材料;辅助电极,通常使用铂、石墨等惰性材料。

6.2.4 盐桥

在电化学测量中，盐桥（Salt Bridge）是一个关键组件，是一种连接电解池中两个溶液或两电极之间的装置，其主要功能是通过提供离子传导路径，保持电池的电中性，并防止参比电极与指示电极之间的液体交叉污染。盐桥的结构对电化学测量影响较大，下面是 6 种典型的盐桥结构以及其在电化学实验中的应用。

（1）U 形管盐桥

传统的盐桥通常采用 U 形玻璃管结构，U 形管的两端浸入分别包含不同电解质溶液的两个电解池中，U 形管内部充满饱和的电解质溶液，以提供离子导电性。在使用前，U 形管的两端用棉花或陶瓷塞封住，以防止电解液外泄，同时允许离子通过。这种设计简单且易于制造，由于形状是 U 形，两端浸入不同的溶液中，重力和毛细作用力使溶液不易流出，防止了溶液间的混合。其适用于大多数实验室电化学测量，包括电池电位测量和腐蚀研究。

（2）凝胶盐桥

通常由琼脂或其他凝胶材料填充的管道组成，凝胶被电解质溶液浸透。凝胶状的电解质提供了离子导电路径，同时防止了溶液的流动和混合。由于凝胶的固态形式，适合于需要移动或倾斜的实验环境。其常用于 pH 测量电极中，或任何需要稳定且防止液体混合的电化学实验。

（3）陶瓷盐桥

利用多孔陶瓷作为离子交换通道，陶瓷材料允许电解质溶液中的离子通过其微小孔隙进行导电。陶瓷材料的孔径通常设计得很小，以减少液体之间的混合。其具有优异的化学稳定性和机械强度，陶瓷的多孔结构提供了精确的离子传导路径，但可能会因孔隙堵塞而影响性能。其适用于需要极高精度和低交叉污染的电化学测量。

（4）毛细管盐桥

由一根极细的毛细管构成，管内填充饱和的电解质溶液。毛细作用力确保电解质溶液在毛细管中保持稳定，不会泄漏或混合。毛细管盐桥可提供一个高度稳定的离子传导通道，适合精密的电化学测量。由于毛细管的细小尺寸，盐桥的电阻可能会相对较高。其常用于需要极高精度测量的研究中，如高精度 pH 值测量或微量电化学分析。

（5）离子交换膜盐桥

采用离子交换膜将不同的电解液隔开，但允许特定离子通过，离子交换膜可以选择性地传导阳离子或阴离子，从而在电解液之间建立离子平衡。其广泛用于燃料电池、离子选择性电极以及需要控制离子传输方向的电化学测量中。

（6）蠕动泵盐桥

蠕动泵盐桥是一种动态盐桥，使用蠕动泵不断循环电解质溶液，通过管道连接两个电解池。管道中充满了饱和电解质溶液，通过泵的作用，使溶液不断循环，确保离子传导和系统的电中性。其适用于需要持续流动的电化学系统，如流动电解池或动态测量，可以调节流速，以控制盐桥电阻。

每种盐桥结构的选择取决于具体的实验要求、电解液性质、测量精度需求以及实验环境。选择合适的盐桥结构对于获得精确可靠的电化学数据至关重要。

6.3 线性扫描伏安法

6.3.1 概述

线性扫描伏安法（Linear Sweep Voltammetry，LSV）是一种电化学分析技术，通过控制电极电势以恒定的速率变化（即连续线性变化），测量电极的响应电流随电势的变化关系，从而研究电化学反应过程中的电流-电势行为。电极电流与电极电势之间的曲线称为伏安曲线，也称线性扫描伏安图。电极电势的变化率称为扫描速率，为一常数，即

$$v = \left|\frac{\mathrm{d}E}{\mathrm{d}t}\right| = \mathrm{const}(常数) \tag{6-6}$$

电极电势与时间的关系为

$$E = E_0 \pm vt \tag{6-7}$$

式中，E_0 为电极的起始扫描电势（V）；v 为扫描速率（V/s）；t 为时间（s）。

电极电势扫描范围可分为大幅度和小幅度两类：大幅度扫描电势范围较宽，常用来观察整个电势范围内可能发生哪些电化学反应，也可用来判断电极过程的可逆性、测定电极反应参数等；小幅度扫描范围通常在 5～10mV，主要用来测定反应电阻和双层电容。

线性扫描伏安法作为一种常用的电化学测量技术，具有操作简单、数据解析直观、灵敏度高等特点，能够帮助研究人员揭示电荷转移速率、反应机制等反应动力学相关的规律，广泛应用于电分析化学、材料科学、环境监测等领域，也可用于研究氧化还原反应、分析电极材料的性能、监测腐蚀过程等。

6.3.2 响应电流特点

通常情况下，线性扫描过程中的响应电流是双电层充电电流 i_C 与电化学反应电流 i_f 之和，即

$$i = i_\mathrm{C} + i_\mathrm{f} \tag{6-8}$$

双电层充电电流 i_C 为

$$i_\mathrm{C} = -C_\mathrm{d}\frac{\mathrm{d}E}{\mathrm{d}t} + (E_\mathrm{Z} - E)\frac{\mathrm{d}C_\mathrm{d}}{\mathrm{d}t} \tag{6-9}$$

式中，C_d 为双电层的微分电容（F）；E 为电极电势（V）；E_z 为零电荷电势（V）。

由式（6-9）可知，双电层充电电流 i_C 包括两个部分：一个是电极电势改变时，对双电层充电引起的充电电流，即 $-C_d \dfrac{dE}{dt}$；另一个是双电层电容改变时，所引起的双电层充电电流，即 $(E_z-E)\dfrac{dC_d}{dt}$。

在线性扫描过程中，电极电势总是以恒定的速率变化，即 $-C_d\dfrac{dE}{dt} \neq 0$，这意味着在线性扫描过程中始终存在双电层充电电流 i_C。而且，一般而言，双电层充电电流 i_C 在线性扫描过程中并非常数，而是随着 C_d 的变化而变化。当电极表面发生表面活性物质的吸（脱）附时，双电层电容 C_d 会随之急剧变化，导致双电层电容改变引起的充电电流 [即 $(E_z-E)\dfrac{dC_d}{dt}$] 很大，此时伏安曲线上出现伴随吸脱附过程的电流峰，称为吸脱附峰；当电极表面不存在表面活性物质的吸（脱）附，并且进行小幅度电势扫描时，在小幅度电势范围内双电层电容 C_d 可近似认为保持不变，即 $(E_z-E)\dfrac{dC_d}{dt}$ 近似等于零，另外，扫描速度 $v=\left|\dfrac{dE}{dt}\right|$ 为常数，此时双电层充电电流也保持不变，即 $i=-C_d\dfrac{dE}{dt}=\text{const.}$。

无论是可逆电极体系还是完全不可逆电极体系，电化学反应电流 i_f 正比于反应物的初始浓度和扫描速率的平方根（$v^{1/2}$）。当存在电化学反应且扫描速率 v 增大时，i_C 比 i_f 增加得更多，i_C 在总电流中所占的比例增加；相反，当扫描速率 v 足够慢时，i_C 在总电流中所占比例极低，可以忽略不计，这时得到的伏安曲线即为稳态极化曲线。

6.3.3 基本过程

对于线性扫描伏安法，要利用指示电极（即工作电极）进行电势线性扫描检测，需要满足两个条件：①准确控制指示电极的电势按照设定的路径线性变化；②准确采集电势扫描过程中产生的电流。

由于单个电极的电势无法直接测量，因此需要一个参比电极用于控制指示电极的电位；同时，由于许多测试体系中采集电流相对较大，如果直接用参比电极传导电流，会导致其电势发生变化，失去参考意义，因此需要采用对电极以传导电流。这就形成了电化学测试常用的三电极体系，即指示电极与参比电极组成电势回路，用以控制电势输入信号；指示电极与对电极组成电流回路，用以采集电流输出信号（图6-2）。

在常规三电极线性扫描伏安测试体系中，对电极的面积一般要求比指示电极大，这样能确保

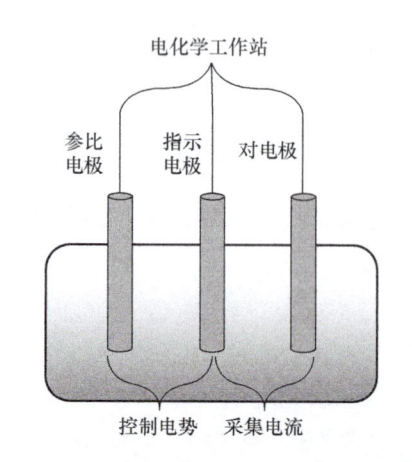

图6-2 线性扫描伏安法实验装置示意图

由指示电极和对电极组成的电流回路中极化主要发生在指示电极而不是对电极上，也就是说此时指示电极-溶液界面的电荷及物质传递过程成为整个电流回路的速控步骤，决定着整个回路中电流的变化及伏安曲线特征。

在此条件下，伏安曲线上电流的变化主要由指示电极表面的电极反应过程决定，这也是伏安分析以指示电极作为研究场所的基础。以氧化反应为例，对于指示电极，其上发生电极反应产生的法拉第电流（即电化学电流 i_f）一般由三个基本部分组成：

1）电子在电极导体上的转移或输运（即电极导体上电子的输运）。
2）电子跨过两相界面的异相电子转移过程（即两相界面物质的消耗）。
3）物质从溶液本体向电极-溶液界面的液相传质过程（即溶液中物质的供应）。

需要指出的是，上述三个基本过程只是用于描述指示电极上电流回路的组成情况，针对的是最简单、最基本的非吸附物质参与的电极反应模型。事实上，实际的电极反应过程中往往还涉及吸附/脱附、化学转化等复杂步骤。在上述三个基本过程中，电子在电极导体上的转移或输运速度非常快。因此，异相电子转移和液相传质这两个相对慢速的过程，决定了电极反应的电流变化及伏安曲线特征。

也就是说，当采用线性扫描伏安法分析时，伏安曲线形状与异相电子转移和液相扩散传质这两个过程相关。为了便于理解，可以将异相电子转移过程描述为物质的消耗，因为异相电子转移意味着物质发生氧化或还原而被消耗，而将液相扩散传质过程描述为物质从本体向电极表面的扩散供应。因此，这种电极反应过程中物质的"供求关系"，决定了伏安曲线的基本特征，可用于理解不同电化学测试条件下的伏安行为。

6.4 交流阻抗法

6.4.1 概述

交流阻抗法是一种控制通过电化学系统的电流（或系统的电势）在小幅度的条件下随时间按正弦规律变化，并测量相应的系统电势（或电流）随时间的变化，从而得到系统的交流阻抗，并基于此分析电化学系统的反应机理、计算系统相关参数的电化学分析方法。

交流阻抗法包括两类技术，即电化学阻抗谱（Electrochemical Impedance Spectroscopy，EIS）和交流伏安法（AC Voltammetry）。电化学阻抗谱技术是通过给电化学系统施加频率不同的小振幅交流电势波，研究电化学系统的阻抗（也称交流阻抗）随频率的变化关系；而交流伏安法是在某一选定的频率下，研究交流电流的振幅和相位随直流极化电势的变化关系。这两类技术的共同点在于都应用了小幅度的正弦交流激励信号，本节基于电化学系统的交流阻抗概念进行研究。

6.4.2 基本概念

1. 正弦交流电

正弦交流电是一种电流或电压随时间按正弦函数规律变化的交流电。正弦交流电的电压或电流通常用下式表示：

$$\begin{cases} u(t) = U_m \sin(\omega t + \varphi) \\ i(t) = I_m \sin(\omega t + \varphi) \end{cases} \tag{6-10}$$

式中，$u(t)$ 和 $i(t)$ 分别为 t 时刻的瞬时电压（V）和瞬时电流（A）；U_m 和 I_m 是电压和电流的最大值（即幅值或峰值）；ω 是角频率，常规频率为 $f = \omega/2\pi$；φ 为初相位，表示正弦波在 $t = 0$ 时刻的相位。正弦交流电压（或电流）随时间的变化曲线如图 6-3 所示。

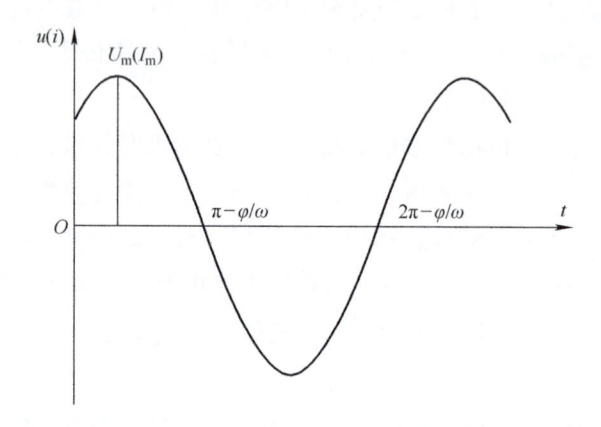

图 6-3 正弦交流电压（或电流）随时间的变化曲线

正弦交流电的主要特征参数包括振幅、频率、周期、相位和有效值，具体介绍如下：

1）振幅：表示正弦波的最大值或峰值，在一条正弦曲线上（图 6-3），振幅是波峰或波谷到平衡位置的距离 [如 $U_m(I_m)$]，振幅决定了电压或电流的大小，单位是伏特（V）或安培（A）。

2）频率：表示电流或电压在 1s 内完成的周期数，单位是赫兹（Hz）。在日常电力系统中，频率通常为 50Hz 或 60Hz。

3）周期：周期是正弦交流电完成一个完整振荡所需的时间，单位是秒（s），与频率的关系为 $T = 1/f$。

4）相位：表示波形在一个周期内的位置，相位通常用度（°）或弧度（rad）表示，在一个完整的周期中，角度为 360（°）或 2πrad，相位可以描述波形在时间上的滞后或超前关系。

5）有效值：即均方根（RMS）值，是正弦交流电最常用的值，用于表示电流或电压的有效大小。电流或电压的有效值与峰值的关系为

$$\begin{cases} U_{\text{eff}} = \dfrac{U_{\text{m}}}{\sqrt{2}} \\ I_{\text{eff}} = \dfrac{I_{\text{m}}}{\sqrt{2}} \end{cases} \quad (6\text{-}11)$$

2. 交流阻抗

当电极系统受到一个正弦波形电压（电流）的交流信号扰动时，会产生一个相应的电流（电压）响应信号，由这些信号可以得到电极的阻抗或导纳。一系列频率的正弦波信号产生的阻抗频谱，称为交流阻抗。

对于一个稳定的线性系统 M，如以一个角频率为 ω 的正弦波电信号（电压或电流）X 为激励信号（在电化学术语中也称为干扰信号）输入该系统，则相应地从该系统输出一个角频率也是 ω 的正弦波电信号（电压或电流）Y，Y 即响应信号，Y 与 X 之间的关系可以用下式来描述：

$$Y = G(\omega)X \quad (6\text{-}12)$$

式中，G 随频率变化，用变量为频率 f 或角频率 ω 的复变函数表示，G 的一般表达式可以写为

$$G(\omega) = G'(\omega) + jG''(\omega) \quad (6\text{-}13)$$

式中，$G'(\omega)$ 为复变函数的实部；$G''(\omega)$ 为复变函数的虚部。

如果扰动信号 X 为正弦波电流信号，而 Y 为正弦波电压信号，则称 G 为系统 M 的阻抗，用 Z 来表示；如果扰动信号 X 为正弦波电压信号，而 Y 为正弦波电流信号，则称 G 为系统 M 的导纳，用 Y 来表示。

由阻抗（导纳）的定义可知，对于一个稳定的线性系统，当响应与扰动之间存在唯一的因果性时，阻抗与导纳都由系统 M 的内部结构所决定，反映该系统的频响特性，故 Z 与 Y 存在唯一的对应关系，即 $Z = 1/Y$。

3. Nyquist 图

Nyquist 图即阻抗复平面图，是交流阻抗分析中常用的一种图形表示方法。在 Nyquist 图中，系统的阻抗以复数形式表示，横轴为阻抗的实部，纵轴为阻抗的虚部，通常用来展示不同频率下系统的阻抗特性。Nyquist 图的横轴（即阻抗实部）表示系统的电阻分量，通常包括与频率无关的电解质电阻（R_s）和电荷转移电阻（R_{ct}）；纵轴（即阻抗虚部）表示系统的电抗分量，反映电感、容抗或扩散过程等与频率有关的因素。

4. 阻抗伯德图

阻抗伯德图也是一种表示交流阻抗谱数据的图形表示方法。与 Nyquist 图不同，阻抗伯德图由两条曲线组成：一条曲线描述阻抗的模随频率的变化关系，即 $\lg|Z| \sim \lg f$ 曲线，称为 Bode 模图，也称幅值图；另一条曲线描述阻抗的相位角随频率的变化关系，即

$\varphi \sim \lg f$ 曲线，称为 Bode 相图，也称相位图。

（1）幅值图

幅值图的横轴为频率的对数，而纵轴为阻抗的幅值（或模）的对数，幅值表达式为

$$|Z| = \sqrt{Z'^2 + Z''^2} \tag{6-14}$$

式中，Z' 和 Z'' 分别为阻抗的实部和虚部。

在幅值图上，不同频率下的阻抗值反映系统的响应特性。高频段的阻抗通常较低，与电解质电阻有关；低频段的阻抗通常较高，与电荷转移和扩散控制过程有关。

（2）相位图

相位图的横轴为频率的对数，纵轴为相位角，相位角反映了电流和电压之间的相对相位差，表达式为

$$\theta = \arctan\left(\frac{Z''}{Z'}\right) \tag{6-15}$$

相位图可以揭示电路中容性、感性和电阻性元件的相对影响。例如，纯电子系统的相位角为 0°，而容性和感性元件的相位角分别为负值和正值。

5. 等效电路模型

电化学系统的等效电路模型是利用电化学元件（如电阻、电容和电感）来模拟和解释电化学系统中发生的各种物理和化学过程，所用的电化学元件就叫作等效元件。这种模型化方法有助于解析电化学阻抗谱（EIS）数据，以理解系统的电荷转移、扩散、电极/电解质界面行为等。

以两电极体系（如滴汞电极体系或超微电极体系）交流阻抗实验为例，通过对电解池电压和极化电流的测量来确定电解池的阻抗，电解池的等效电路模型如图 6-4 所示。图 6-4 中 A 和 B 分别代表研究电极和辅助电极；R_A 和 R_B 分别为研究电极和辅助电极的欧姆电阻；C_{AB} 表示两电极之间的电容；R_Ω 为研究电极与辅助电极之间的溶液欧姆电阻；C_d 和 C_d' 分别为研究电极和辅助电极的界面双电层电容；Z_f 和 Z_f' 分别为研究电极和辅助电极的法拉第阻抗，其数值大小取决于电极的动力学参数及测量信号的频率。

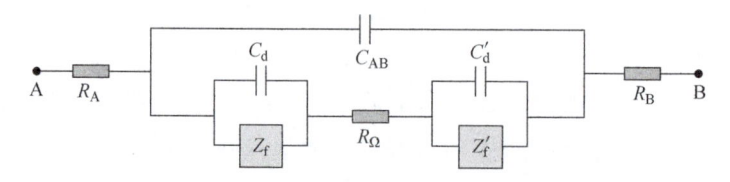

图 6-4 两电极体系电解池等效电路模型

如果研究电极和辅助电极均为金属电极，电极的欧姆电阻很小，R_A 和 R_B 可忽略不计；两电极间的距离比双电层厚度大得多（双电层厚度一般不超过 10^{-5} cm），故 C_{AB} 比双电层电

容 C_d 和 C_d' 小得多，且 R_Ω 不是很大，则 C_{AB} 支路容抗很大，C_{AB} 可略去。因此，两电极体系电解池的等效电路模型可简化为图 6-5 所示。

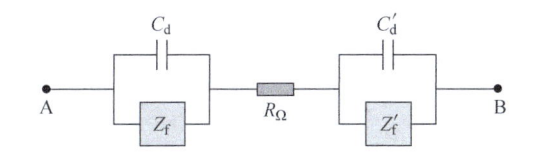

图 6-5　简化后的两电极体系电解池等效电路模型

6.4.3　电化学阻抗谱在燃料电池上的应用

随着电信号采集和分析技术的发展成熟，电化学阻抗谱（EIS）测量技术在燃料电池领域获得了广泛的应用。EIS 通过在不同频率下测量系统的阻抗，在不损坏内部结构和不改变工作条件的情况下，可以揭示燃料电池内部的电化学过程、界面反应和传质行为等。

EIS 测量的基本原理是将小幅值的正弦电压或电流信号作为激励信号，主动对电化学稳态系统进行扰动，通过分析激励信号与响应信号之间的频率、幅值和相位关系，最终得到被测系统在某一频率范围内的频率响应函数。EIS 作为一种成熟的诊断和建模方法，由于其灵活性和准确性，可以在燃料电池不同尺度（如组成部件、单电池和电堆等）上应用，以对其相关性能进行研究。

（1）组成部件尺度

在燃料电池的组成部件（如催化剂层、质子交换膜、电极等）上，EIS 能够进行局部分析，深入理解各组成部件的电化学行为，例如：

1）催化剂层分析：催化剂层是燃料电池电极中最关键的部分，EIS 可以用于评估催化剂的活性、催化反应的电荷转移阻抗以及催化剂颗粒间的离子和电子传导特性，也可以分析不同频率下的催化剂活性、催化剂层厚度及其孔隙结构对反应效率的影响。

2）质子交换膜：对质子交换膜的研究主要集中在其离子传导性、厚度以及水含量对膜电阻的影响上。EIS 可以在高频区域提供膜电阻直接的测量结果，帮助优化膜材料的选择。

3）气体扩散层（GDL）：EIS 在低频区可以提供关于气体在气体扩散层中扩散阻力的信息。通过这种测量，研究人员可以优化 GDL 的孔隙率和厚度，最大限度提高燃料与催化剂的接触效率。

（2）单电池尺度

单电池是燃料电池系统中最基本的功能单元，EIS 在单电池层级的应用可以提供整体系统性能的详细信息，包括反应动力学、传质和电荷传输等，例如：

1）电极界面反应：在单电池尺度上，EIS 可以有效区分阳极和阴极的电化学行为。通过 EIS 分析，能够分离出不同的阳极和阴极电化学过程，了解电荷转移阻抗和电化学双电层电容的变化。

2）水管理与传质：在单电池操作中，水管理是至关重要的。EIS 可以通过分析低频区域的阻抗，评估燃料电池中水分的传输和分布，防止出现水饱和或干涸等问题，优化水管理策略。

3）单电池极化损失：燃料电池在工作过程中会出现极化损失，包括激活极化、欧姆极化和浓差极化。EIS 通过不同频率下的响应，能够识别和量化这些极化损失，为提高单电池性能提供依据。

（3）电堆尺度

电堆是由多个单电池串联或并联组成的更复杂的燃料电池系统。EIS 在电堆上的应用可以帮助评估整体堆栈性能、均匀性及操作状态，例如：

1）电堆的均匀性：在电堆中，所有单电池的性能一致性是保证燃料电池系统稳定运行的关键。通过 EIS，可以分析电堆中每个单电池的阻抗，评估其电化学性能差异，发现可能的局部故障或不均匀现象。

2）整体堆栈的阻抗分析：在电堆尺度上，EIS 提供了评估整体电堆阻抗的能力，包括欧姆损失、传质阻抗和反应阻抗。其可以帮助识别哪些电池或单元存在较高的阻抗，从而定位问题，进行针对性优化。

3）长时间运行中的老化和退化：燃料电池堆在长期运行中会产生退化，EIS 可以用于监测电堆在不同时间点的阻抗变化，发现老化的模式，如催化剂失效、质子交换膜降解等。这对于电堆寿命预测和制定维护周期至关重要。

（4）多尺度集成分析

在实际应用中，EIS 可以结合多个尺度的数据进行多尺度集成分析。例如，通过在组成部件尺度上对催化剂、电极或膜进行深入分析，再将这些分析结果整合到单电池或电堆尺度的性能分析中。这样可以更系统地优化燃料电池的整体性能，确保每个组成部件和整个系统在不同条件下的协同工作。

电化学阻抗谱在燃料电池不同尺度上的应用，为燃料电池的研发和优化提供了强有力的工具。从微观的催化剂性能分析到宏观的电堆性能评估，EIS 能够识别和量化各类影响因素，为燃料电池的设计、运行和长期稳定性提供了宝贵的洞察。通过多尺度集成分析，研究人员能够更加全面地理解燃料电池复杂的电化学行为。

下篇
氢能源动力实验指导

实验 1
交流阻抗法测试电极过程参数

【实验目的】

（1）学习电化学工作站测试交流阻抗的基本原理。
（2）测定开路电位（即 OCP）下电化学系统的电极过程参数。

【实验原理】

交流阻抗法是一种控制通过电化学系统的电流（或系统的电势）在小幅度的条件下随时间按正弦规律变化，并测量相应的系统电势（或电流）随时间的变化，从而得到系统的交流阻抗，并基于此分析电化学系统的反应机理、计算系统相关参数的电化学分析方法。通过对阻抗图谱的解析，可获得所需的电极过程参数，如电化学阻抗 R_{ct}、电极/溶液界面双电层电容 C_d、电解质溶液电阻 R_s 等。

对于纯电化学控制的电极系统，可用如图 S-1 所示的等效电路模型表示。电极对应频率下的阻抗可用复数形式表示，其阻抗的虚部和实部之间有一半圆关系，存在于数轴的第一象限，如图 S-2 所示。

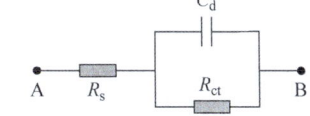

图 S-1　纯电化学系统无浓差极化时的等效电路模型

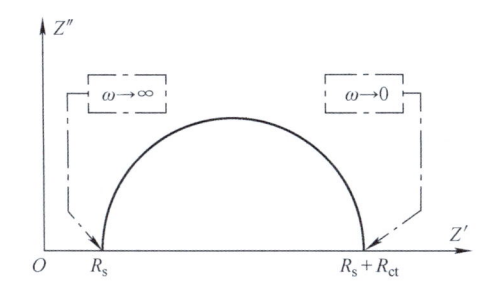

图 S-2　纯电化学极化下的电极系统的 Nyquist 图

根据等效电路模型,可以确定电极阻抗为

$$Z = R_s + \frac{1}{j\omega C_d + \dfrac{1}{R_{ct}}} \tag{S-1}$$

整理式(S-1),得到

$$Z = R_s + \frac{R_{ct}}{1+\omega^2 C_d^2 R_{ct}^2} - j\frac{\omega C_d R_{ct}^2}{1+\omega^2 C_d^2 R_{ct}^2} \tag{S-2}$$

据此,可以得到电极阻抗的实部和虚部

$$\begin{cases} Z' = R_s + \dfrac{R_{ct}}{1+\omega^2 C_d^2 R_{ct}^2} \\ Z'' = \dfrac{\omega C_d R_{ct}^2}{1+\omega^2 C_d^2 R_{ct}^2} \end{cases} \tag{S-3}$$

根据式(S-3)可进一步得到

$$\omega C_d R_{ct} = \frac{Z''}{Z' - R_s} \tag{S-4}$$

将式(S-4)代入到式(S-3)中,整理得

$$\left(Z' - R_s - \frac{R_{ct}}{2}\right)^2 + Z''^2 = \left(\frac{R_{ct}}{2}\right)^2 \tag{S-5}$$

由式(S-5)可见,在复数平面图上,(Z', Z'')点的轨迹是一个圆,圆心的位置在实轴上,其坐标为($R_s + R_{ct}/2, 0$),圆的半径为 $R_{ct}/2$。

【仪器及试剂】

仪器:电化学工作站、三电极电化学系统任选。
试剂:根据需要选择。

【实验内容】

(1)实验步骤
1)连接电化学系统与电化学工作站。

2）启动电化学工作站，运行测试软件，在"control"菜单中单击"open circuit potential（OCP）"查看并记录开路电压。

3）在"Method"菜单下选择"Potentiostatic"，选择"Single potential"；在"Window"菜单下选择"Edit procedure"，再单击"Edit frequencies"；在弹出的窗口中编辑测试条件。修改"Begin frequence"值，如"100000.0"Hz；修改"End frequence"值，如"0.00001"Hz；修改"Ampltude（rms）"后的数，如"0.01000"V；其他项目可以不更改；单击"Calculate"。

4）检查设定好的测试条件，确认电化学系统连接无误后，开始测试。

5）待实验按参数设置要求运行结束后，关闭电池开关，保存测量结果。

6）关闭电解池开关，保存实验数据。

（2）结果分析

1）用"Origin"软件绘制 Nyquist 图。

2）对测试结果进行简单分析。

【思考题】

1. 分析影响交流阻抗法实验的可能因素。

2. 简述交流阻抗法的工作原理。

3. 简述交流阻抗法的应用领域。

实验 2
合金储氢材料（LaNi$_5$）的吸放氢性能实验

【实验目的】

（1）了解合金储氢材料储氢的基本原理。
（2）学习掌握吸放氢性能测试方法。

【实验原理】

合金储氢材料的储氢基本原理是基于氢气与合金之间的可逆吸附与释放反应，通过金属与氢气形成金属氢化物的过程来存储氢气。这种反应类似于电池中的充放电过程，氢气在特定条件下可以被合金材料吸收，并在需要时通过加热或降低压力等方式释放出来。

当合金储氢材料（通常为金属合金）暴露在氢气环境中时，氢分子（H_2）首先会分解为氢原子（H）。这些氢原子扩散进入合金的晶格结构中，并与金属原子结合形成金属氢化物。这个过程通常发生在一定的温度和压力下：

1）吸氢过程（Hydrogenation）：合金与氢气反应形成金属氢化物（$M + H_2 \rightarrow MH_x$）。

2）释氢过程（Dehydrogenation）：通过加热或降低压力，金属氢化物分解，释放出氢气（$MH_x \rightarrow M + H_2$）。

根据不同的金属组合，储氢合金可以分为不同类型，最常见的包括：

1）AB$_5$ 型合金：A 通常是稀土金属或钙（如 La、Ce 等），B 通常是过渡金属（如 Ni、Co 等）。典型代表为 LaNi$_5$ 合金，能够在相对温和的条件下储存氢气，具有较好的可逆储氢能力。

2）AB$_2$ 型合金：A 通常是钛（Ti）或锆（Zr），B 通常是过渡金属如锰（Mn）、钒（V）等。AB$_2$ 型合金如 TiMn$_2$ 具有较高的储氢密度，适用于更高压环境下的储氢。

3）A$_2$B 型合金：例如镁基合金（如 Mg$_2$Ni），具有很高的储氢能力，但通常需要更高的温度来释放氢气。

合金储氢材料储氢过程涉及热力学和动力学特征，具体包括：

1）热力学：吸氢和释氢过程伴随着热效应。在吸氢过程中，合金通常会释放热量（放热反应），而在释氢过程中需要吸收热量（吸热反应）。这一特性决定了储氢过程中的能量需求。例如，一些合金在较低温度下能够稳定地吸收氢气，而在加热时能较快速地释放氢气。

2）动力学：吸氢和释氢反应的速率与合金材料的结构、氢气的压力和温度等因素相关。某些合金的反应速率较快，可以在几分钟内完成氢气的吸收和释放，而其他材料可能需要更长时间。这一特性影响了储氢系统的效率和应用场景。

储氢合金的吸放氢性能可以从热力学和动力学两方面进行表征。最常用的热力学性能表征方法是压力-组成-等温线（Pressure-Composition-Temperature，PCT），通过测绘 PCT 曲线，可以获得储氢合金的吸放氢容量、吸放氢压力、滞后特性，并求出氢化物生成焓和反应熵等。利用 PCT 测试仪测试吸放氢量随时间的变化曲线，还可获得动力学性能参数。

【仪器及试剂】

仪器：超声波清洗器、电子天平、磁力搅拌器、真空干燥箱、行星式球磨机、PCT 测试仪、程序升温脱附（Temperature Programmed Desorption，TPD）测试仪、差示扫描量热仪（Differential Scanning Calorimeter，DSC）、镊子、样品管等。

试剂：$LaNi_5$ 样品。

【实验内容】

1）称取 2g $LaNi_5$，在氩气氛围下，利用行星式球磨机对材料进行正反交替运行球磨，每球磨 12min 后停歇 6min。主轴转速为 450r/min，球料比为 60∶1（质量比）。

2）利用 PCT 测试仪测试样品的储氢性能，装置如图 S-3 所示。

将经过球磨处理的样品转移至手套箱中，在 PCT 样品管中装入 0.1g 左右的样品，并在样品管上部填充玻璃棉以防止抽真空过程中样品飞出，阻塞测试管路。然后将密封好的反应器连接至 PCT 测试仪上。测试前对样品进行三次完全吸放氢的活化。测试详细步骤如下：

① 抽真空：打开真空泵，依次打开 V4、V5、V6、V7、V8、V9 电磁阀，然后打开连接反应器的开关，抽真空 10min。

② 充氢气：打开氢气瓶阀门，在 PCT 测试仪控制面板上输入指定的氢压，打开 V1 向反应器中充入一定压力的氢气。关闭 V1 后依次打开 V2、V5、V7、V8 电磁阀，向反应池内充入所需氢压后，关闭所有阀门。该操作是为了防止储氢材料在升温过程中放氢。

③ 设置放氢温度：打开控温炉开关，设置放氢温度，等待反应炉稳定到指定温度。

④ 程序测试：打开真空泵开关，在控制面板上将氢压设为 0bar（1bar = 0.1MPa），打开 V4、V5、V6、V7、V8、V9 电磁阀，抽真空到指定压力后，快速开启数据采集系统，开始放氢测试。改变温度，测试不同温度下的放氢动力学曲线。

⑤ 数据处理：将放氢量对反应时间作图，可得到等温放氢动力学曲线。等温放氢动力学计算公式如下：

$$w(\mathrm{H}_2) = \frac{(p_t - p_0)VM}{mRT} \times 100\% \quad （S\text{-}6）$$

式中，p_0 为初始气压；p_t 为测试过程中得到的压力；V 为反应器的体积；M 为 $LaNi_5$ 的摩尔质量；m 为称取 $LaNi_5$ 的实际质量；R 为摩尔气体常量；T 为测试温度。

3）利用 TPD 测试仪测试推算出材料始末放氢温度、放氢峰数量及放氢峰值温度，测试样品的储氢性能及放氢量随时间或温度的变化规律。

4）利用差示扫描量热仪（DSC）对样品的脱氢性能进行测试：

① 称取约 5mg 样品，在水、氧含量 $< 0.1 \times 10^{-6}$ 的氩气手套箱中封入铝质坩埚以防止样品被氧化。

② 测试前将样品坩埚扎孔并在 30℃下稳定 10min，然后分别在 2.5℃/min、5℃/min、7.5℃/min、10℃/min、12.5℃/min 升温速率下从 30℃升至 500℃，测试过程中保持 80mL/min 的氩气气流作为保护气。

③ 待实验结束，得到样品的 DSC 放氢曲线，并对曲线中的吸热峰进行分析。

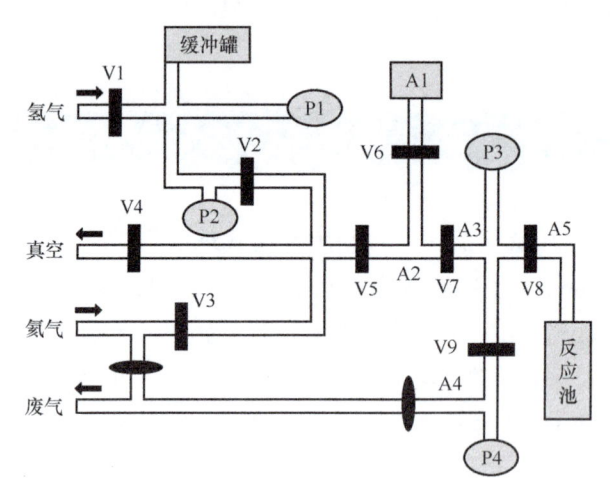

图 S-3　PCT 测试仪装置示意图

【思考题】

1. 简述储氢材料的储氢基本原理。
2. 为什么要在氩气氛围下对储氢材料进行球磨？
3. 等温放氢动力学计算公式是如何推导的？

实验 3

氢气的制备与纯化

【实验目的】

（1）学习氢气的制备方法。
（2）掌握氢气的纯化技术。
（3）理解氢气的性质及其应用。

【实验原理】

氢气（H_2）是宇宙中最轻、最丰富的元素之一，具有广泛的应用，包括作为燃料、化学合成的原料以及在氢能技术中的应用。氢气的制备与纯化是化学实验中重要的内容，涉及多种化学反应和分离技术。

（1）氢气的制备方法

1）酸与金属反应。氢气的常见制备方法之一是通过酸与金属的反应。以稀盐酸与锌粉的反应为例，反应方程式如下：

$$Zn + 2HCl \rightarrow ZnCl_2 + H_2 \uparrow$$

在这个反应中，锌粉与稀盐酸反应生成氯化锌和氢气。反应过程中，氢气以气泡的形式释放出来。该方法的优点是反应条件简单，反应速度快，且生成的氢气相对纯净。图 S-4 所示为实验室制备氢气的简易装置。

2）电解水。另一种制备氢气的方法是电解水。电解水的反应方程式为

$$2H_2O \rightarrow 2H_2 \uparrow + O_2 \uparrow$$

在电解过程中，水分子在电流的作用下分解为氢气和氧气。电解水的优点是可以获得高纯度的氢气，但需要消耗电能，且设备相对复杂。

3）其他方法。热化学反应（如水蒸气与碳反应生成氢气和一氧化碳）、生物质气化（利用生物质在高温缺氧条件下转化为氢气）。

a) 向下排空气法　　　　　　　b) 排水法

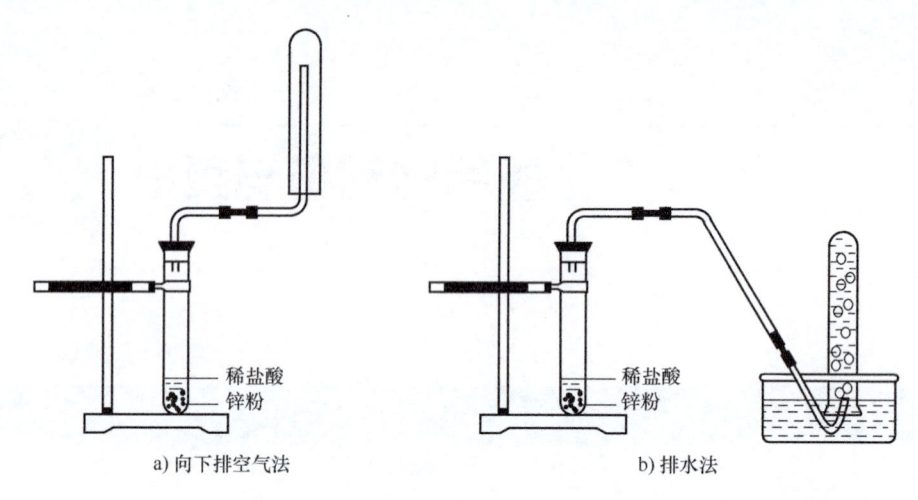

图 S-4　实验室制备氢气的简易装置

（2）氢气的纯化技术

氢气的纯化是确保其在实验和工业应用中达到所需纯度的重要步骤。常见的纯化方法包括：

1）冷凝法。冷凝法是通过降低气体温度使其部分成分凝结，从而分离出杂质气体。氢气的沸点为 –252.9℃，其他杂质气体（如水蒸气）在较高温度下凝结，因此可以通过冷凝法去除水分。

2）吸附法。吸附法是利用固体吸附剂（如活性炭、分子筛）对气体进行选择性吸附。氢气分子较小，能够通过吸附剂的孔隙，而较大的杂质分子则被阻挡，从而实现分离。

3）化学吸收法。化学吸收法是通过化学反应将杂质气体转化为其他物质，从而实现分离。例如，氢气可以通过与某些化合物反应去除二氧化碳等杂质。

【仪器及材料】

设备：反应器（烧瓶）、锌粉、稀盐酸（HCl）、蒸馏水气体收集装置（气体瓶）、冷凝管、试管、玻璃棒、安全防护设备（如手套、护目镜）。

【实验内容】

（1）实验准备

1）材料准备：确保所有实验用品齐全，包括反应器、锌粉、稀盐酸、气体收集装置、冷凝管、干燥剂等。检查安全防护设备，如手套、护目镜等，确保实验过程的安全。

2）实验环境：在通风良好的实验室进行实验，确保有足够的空气流通。准备好灭火器等安全设备，以防意外发生。

（2）制备氢气

1）反应器的准备：将适量的锌粉（约 5g）放入干燥的反应器（烧瓶）中。使用玻璃棒轻轻搅拌锌粉，使其均匀分布。

2）加入稀盐酸：小心地向反应器中加入约 50mL 的稀盐酸（浓度约为 1mol/L）。观察反应，锌粉与稀盐酸反应会产生气泡，说明正在生成氢气。

3）收集氢气：将气体收集装置（如气体瓶）连接到反应器的出口，确保密封良好。观察气体收集装置中产生的氢气，记录生成氢气的时间和数量。

（3）纯化氢气

1）冷凝装置的准备：将冷凝管连接到气体收集装置的出口，确保连接处密封。在冷凝管的外部连接冷却水源，以便进行冷却。

2）进行冷凝：打开冷却水源，调节流量，确保冷凝管内温度降低。观察冷凝管内的气体流动，记录冷凝过程中产生的水滴。

3）使用干燥剂：将收集到的氢气通过干燥剂（如氯化钙）进行进一步纯化。将干燥剂放入一个干燥的容器中，并将氢气通过该容器，观察干燥剂的变化。

（4）观察与记录

1）观察气体性质：观察收集到的氢气性质，如颜色、气味等，记录实验数据。进行点燃实验，注意安全，观察氢气燃烧的现象。

2）记录实验数据：记录反应过程中产生的氢气体积、反应时间等数据。记录纯化过程中氢气的变化情况，包括冷凝和干燥的效果。

【思考题】

1. 氢气的制备方法有哪些优缺点？
2. 在实验中如何确保氢气的安全处理？
3. 讨论氢气在工业和日常生活中的应用前景。

实验 4
双极板的制备与测试

【实验目的】

（1）理解双极板在燃料电池等电化学系统中的作用和重要性。
（2）掌握双极板的基本制备方法和基础特性测试流程。

【实验原理】

在质子交换膜燃料电池（PEMFC）电堆中，最主要的组成零部件是双极板，双极板占整个燃料电池总质量的 60%~80%，生产成本占整个燃料电池的 30%~40%，如图 S-5 所示。双极板依据材料可分为石墨双极板、复合双极板以及金属双极板。

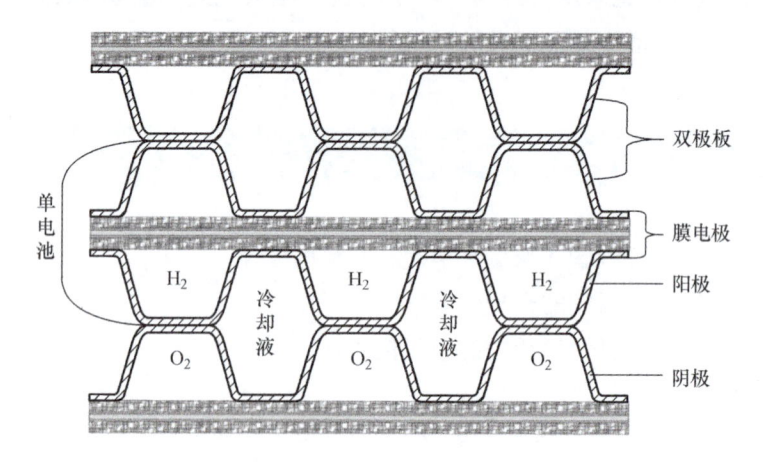

图 S-5　质子交换膜燃料电池基本结构图

其中，石墨双极板在质子交换膜燃料电池的酸性环境下，拥有优良的化学性能、耐蚀性以及导电性。然而石墨作为脆性材料，其机械强度较低、易碎，这导致双极板的加工成形较为困难，需增加双极板的厚度来确保其机械强度，最终导致燃料电池体积和重量的增加，不利于轻量化。

复合双极板是由两种及以上材料组成的双极板，集合了石墨双极板和金属双极板的优点，耐腐蚀、体积小、重量轻、强度高等，但目前市面上复合双极板电堆很少，其最大的缺点是制造成本高、工艺复杂。

金属双极板相对于石墨双极板的优点是加工难度低，可以满足大批量生产的需求，并且能实现超薄生产，相对于复合双极板，金属双极板的成本更低、可制造性更强。

为了使 PEMFC 正常运行且获得较好的性能，需对双极板的流道结构进行合理的设计。双极板的传统流道结构大致可分为以下四种：平行流道、蛇形流道、交叉指状流道以及针状流道。平行流道和蛇形流道因其结构简单、生产成本低，已成为生产中最常用的流道结构，如图 S-6 所示。

a) 平行流道　　　　　　　　　　　　b) 蛇形流道

图 S-6　传统双极板流道

目前可制造金属双极板的技术有很多，其中塑性成形是主要的加工方式，包括冲压成形、液压成形、辊轧成形等。由于各种成形方法的特点不同，均存在一定的局限性，目前可进行批量生产的成形方法主要是冲压成形与液压成形。

质子交换膜燃料电池的工作环境一般是酸性、潮湿、温暖的，而裸露的金属双极板材料其耐蚀性差强人意。金属涂层技术是一种广泛应用的镀膜技术，用于提高不锈钢的耐蚀性和导电性。

本实验选取不锈钢材料 SUS304 为基体材料制备金属双极板。在进行机加工处理时，采用冲压成形工艺，设置不同的冲压工艺参数，构建不同的流道结构，测试其在各方面的性能。

【仪器及试剂】

仪器：机械加工设备、电阻测试仪。

试剂：腐蚀化学试剂、双极板材料（不锈钢材料 SUS304）。

【实验内容】

（1）材料准备

将双极板材料的板材（或带材）切割成固定尺寸：长 250mm × 宽 100mm × 厚 0.1mm，共计 24 块。

（2）流道构建

应用控制变量法，设置三种不同的压边力（60kN、45kN、30kN）和三种不同的模具间隙（$1.0t$、$1.1t$、$1.2t$，其中 t 为初始板料厚度，选取 $t = 0.1$mm），使用机械加工设备将双极板分别加工为平行流道和蛇形流道两种不同的流道结构各 12 块。

（3）涂层处理

对两种不同流道结构的双极板分别取 6 块，对其进行表面涂层处理，以增强其耐蚀性和导电性，剩余 6 块不进行处理，以作为对照。

（4）电阻测试

使用电阻测试仪测量所有双极板的电阻，评估其导电性能。

（5）耐蚀性测试

将所有双极板浸入相同的腐蚀化学试剂中，测试其腐蚀速率。

【思考题】

1. 分析表面处理如何改善双极板的性能。
2. 讨论不同流道结构对双极板基础特性的影响。
3. 讨论不同工艺参数对双极板基础特性的影响。

实验 5
质子交换膜燃料电池的组装与性能测试

【实验目的】

（1）理解质子交换膜燃料电池（PEMFC）的工作原理。

（2）掌握 PEMFC 的组装方法以及其性能的测试方法。

【实验原理】

质子交换膜燃料电池（PEMFC）是一种高效、环境友好的能量转换装置，其通过电化学方式将氢气和氧气的化学能直接转化为电能。图 S-7 所示为 PEMFC 的基本结构示意图。

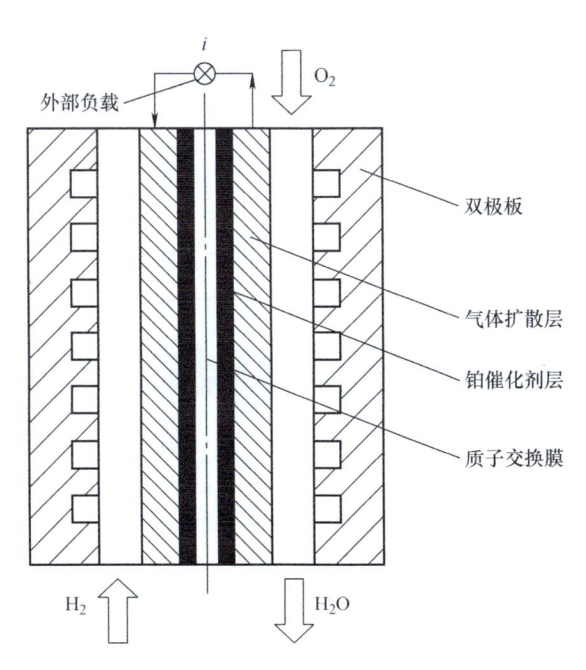

图 S-7 PEMFC 的基本结构示意图

PEMFC 的核心是电化学反应，主要包括两个半反应：阳极（负极）的氢氧化反应和阴极（正极）的氧化还原反应。

阳极反应（氢氧化反应）：$H_2 \rightarrow 2H^+ + 2e^-$。

氢气分子在阳极催化剂的作用下被氧化，生成质子（$2H^+$）和电子（$2e^-$）。

阴极反应（氧化还原反应）：$O_2 + 4e^- + 4H^+ \rightarrow 2H_2O$。

氧气在阴极催化剂的作用下被还原，与通过质子交换膜传递过来的质子和从外部电路流过来的电子结合，生成水。

质子交换膜（PEM）是 PEMFC 中的关键组件，其只允许质子通过，而不允许电子通过。这迫使电子只能通过外部电路从阳极流向阴极，从而产生电流。质子交换膜的材料通常具有良好的化学稳定性、优异的质子传导性、良好的机械性能、较低的气体渗透性以及较强的水合作用。

双极板是 PEMFC 中的主要结构组件，其不仅为电池提供机械支撑，还充当电极以及气体分配通道。双极板通常由石墨或金属（如不锈钢）制成，具有良好的导电性和耐蚀性。

铂催化剂层目前主要采用贵金属铂（Pt）或其合金构成，其附着在气体扩散层上。催化剂的作用主要是降低氢气和氧气反应的活化能，加速电化学反应速率。

气体扩散层（GDL）位于催化剂层和双极板之间，其主要作用是均匀分布气体到催化剂层，收集电子并将其传递到双极板。GDL 通常由多孔碳材料制成，具有良好的导电性、透气性和机械强度。

【仪器及试剂】

仪器：气体供应系统、电子负载、数字万用表、连接线和夹具、橡胶软管以及实验室安全设备（如防护眼镜、手套等）。

试剂：PEM（Nafion 膜）、铂催化剂、GDL 碳纸、双极板。

【实验内容】

（1）实验准备

1）检查 PEM（Nafion 膜）的完整性和尺寸，确保没有破损或污染。

2）检查 GDL 碳纸的孔隙率和厚度，确保其能够均匀分布气体。

3）检查双极板的尺寸，确保其流道结构部分能够与 GDL 碳纸紧密结合。

4）检查气体供应系统、万用表、电子负载等设备，确保其能正常工作，且满足实验要求。

（2）组装电池

1）将催化剂浆料均匀涂覆在 PEM 上，确保催化剂与 PEM 的接触面平整，且没有气泡，待浆料干燥后，对其反面同法处理。

2）将涂覆好催化剂浆料的 PEM 两侧覆盖上 GDL 碳纸，组装成膜电极。

3）使用双极板将组装好的膜电极夹紧，确保各个部分紧密结合，并检查密封性，确保气体不会泄漏。

（3）连接测试

1）使用橡胶软管将氢气和氧气分别引入单电池的阳极和阴极。

2）将电子负载连接到单电池，从无负载状态开始，逐步增加负载。

3）使用万用表测量并记录电池的开路电压（OCV）；随着负载的增加，记录电压、电流和功率输出。

【思考题】

1. 绘制 PEMFC 的 $V\text{-}I$ 曲线和 $P\text{-}I$ 曲线，计算组装单电池的最大输出功率以及相应的效率。

2. 确保本实验成功的关键步骤有哪些？

实验 6 氢燃料电池动力系统的搭建与测试

【实验目的】

（1）了解氢燃料电池动力系统的应用场景。
（2）掌握氢燃料电池动力系统的搭建流程和测试方法。

【实验原理】

氢燃料电池是一种将化学能直接转换为电能的装置，依据电解质的种类不同，可分为碱性燃料电池（AFC）、质子交换膜燃料电池（PEMFC）、磷酸燃料电池（PAFC）、熔融碳酸盐燃料电池（MCFC）和单体固体氧化物燃料电池（SOFC）五种。

在可再生能源的氢储能应用中，质子交换膜燃料电池（PEMFC）因其高功率密度、高能量转换效率、低温启动、对负载变化的适应性强、低运行噪声和高可靠性等优点而备受关注，其基本原理是氢气（H_2）在阳极发生氧化反应，氧气（O_2）在阴极发生还原反应，通过质子交换膜（PEM）传递质子，电子则通过外部电路流动，从而产生电流。

PEMFC 作为动力系统的单一动力源时，受限于其本身特性及制造工艺等问题，存在一定的劣势：动态性能偏软，难以满足负载短时间内快速变化的需求；大功率 PEMFC 的成本较高，且使用寿命无法达到内燃机的标准；PEMFC 无法进行反向充电，会造成一定的能源浪费。因此一般会配备辅助动力源来一起搭建 PEMFC 动力系统。

目前相关的辅助能源大致分为两种：超级电容与蓄电池。其中使用锂电池作为 PEMFC 的辅助能源，其构成混合动力系统的方案已具备较为成熟的工程经验。

PEMFC 与锂电池所构成的混合动力系统，大致可分为两种：串联与并联。其中并联结构又可分为多种：直接并联、带 DC/DC 变换器的锂电池直接并联、PEMFC 间接并联以及双 DC/DC 变换器混联。综合考虑性能和经济性，PEMFC 混合动力结构优先采用 PEMFC 间接并联结构，如图 S-8 所示。

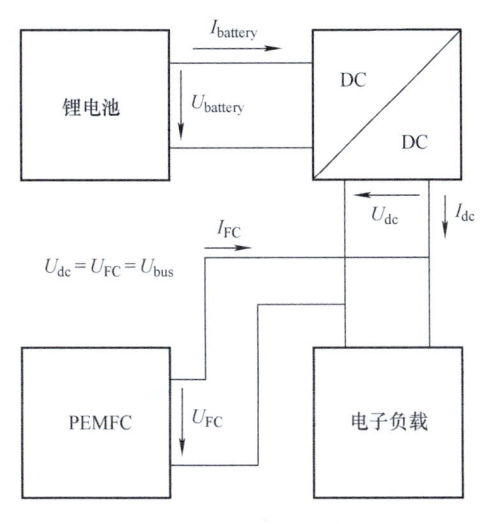

图 S-8　PEMFC 与锂电池间接并联结构

【仪器及试剂】

仪器：氢燃料电池模块、氢气和氧气供应系统（包括储气罐、减压阀、流量计）、电子负载、锂电池模块、DC/DC 变换器、万用表、连接线和接头、实验室安全设备（如防护眼镜、手套等）。

【实验内容】

（1）实验准备

1）设备检查：检查所有设备是否完好，包括 PEMFC 模块、锂电池模块、DC/DC 变换器、电子负载等，确认所有电气连接端口无损坏；确保氢气和氧气供应系统正常工作，包括储气罐、减压阀、流量计。

2）安全准备：穿戴实验室安全装备，如防护眼镜、手套等；确保实验室内有足够的通风环境。

（2）搭建系统

1）连接氢燃料电池：将 PEMFC 模块和锂电池模块通过 DC/DC 变换器连接，确保 PEMFC 作为主电源，锂电池作为辅助电源。

2）设置气体供应：连接氢气和氧气储气罐到减压阀，确保减压阀工作正常后，将气体压力调节到适当的水平；通过流量计控制氢气和氧气的流量，确保与氢燃料电池模块的气体消耗量相匹配；连接氢气和氧气供应系统到 PEMFC 模块。

3）检查连接：仔细检查所有电气连接是否牢固，避免接触不良或短路；检查气体管道连接是否紧密，确保无泄漏。

（3）性能测试

1）启动测试：打开气体供应，调整流量计至电池制造商推荐的流量。

2）数据记录：逐步增加电子负载，使用万用表分别测量并记录不同负载下的两种电池的开路电压（OCV）、电流和功率输出。

【思考题】

1. 阐述 PEMFC 与锂电池所构成的混合动力系统各种结构的优缺点。
2. 分析 PEMFC 和锂电池在不同负载条件下的性能表现。

实验 7 电解槽的拆装实验

【实验目的】

（1）理解电解槽的基本结构和工作原理。
（2）掌握电解槽的拆装步骤及注意事项。
（3）通过实践提高动手能力和实验操作技能。

【实验原理】

电解槽是利用电流通过电解液，使其发生电解反应的装置。电解反应是指在电场作用下，电解液中的离子在电极上发生氧化还原反应，从而实现物质的分解或转化。电解槽的基本原理可以通过以下两个方面进行详细说明。

（1）电解液的组成

电解液通常是含有可电离化合物的溶液，如盐、酸或碱。电解液中的离子在电场的作用下会向电极移动，阳离子向阴极移动，阴离子向阳极移动。

（2）电极反应

在电解过程中，阳极和阴极分别发生不同的反应。阳极反应（氧化反应）：阳极是正极，电流流入阳极，阳离子在阳极失去电子，发生氧化反应。例如，在硫酸铜溶液中，铜离子（Cu^{2+}）在阳极被氧化为铜金属。

$$Cu^{2+} + 2e^- \rightarrow Cu$$

阴极反应（还原反应）：阴极是负极，电流流出阴极，阴离子在阴极获得电子，发生还原反应。例如，在硫酸铜溶液中，硫酸根离子（SO_4^{2-}）在阴极被还原为硫酸。

$$2H_2O + 2e^- \rightarrow H_2 + 2OH^-$$

图 S-9 所示为 PEM 电解槽原理图，PEM 电解槽以固体质子交换膜 PEM 为电解质，以纯水为反应物。由于 PEM 电解质氢气渗透率较低，产生的氢气纯度高，仅需脱除水蒸气，工艺简单、安全性高；电解槽采用零间距结构，欧姆电阻较低，显著提高了电解过程的整体效率,且体积更为紧凑;压力调控范围大,氢气输出压力可达数兆帕,适应快速变化的可再生能源电力输入。

PEM 电解槽原理:电解槽主要结构类似燃料电池电堆,分为膜电极、极板和气体扩散层。PEM 电解槽的阳极处于强酸性环境(pH ≈ 2)、电解电压为 1.4~2.0V,多数非贵金属会腐蚀并可能与 PEM 中的磺酸根离子(SO_3^-)结合,进而降低了 PEM 传导质子的能力。

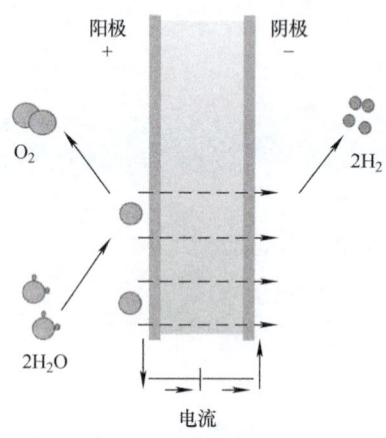

阳极:$H_2O \rightarrow \frac{1}{2}O_2 + 2H^+ + 2e^-$

阴极:$2H^+ + 2e^- \rightarrow H_2$

图 S-9　PEM 电解槽原理图

【仪器及材料】

设备:电解槽(用于容纳电解液和电极的容器),通常由耐腐蚀材料(如玻璃或塑料)制成,根据实验规模选择合适的容量(如 500mL 或 1L)、电源(电压范围应在 0~12V,电流可调,确保能够满足电解反应的需求)、电极(阳极和阴极,常用材料包括铂、石墨或不锈钢,根据电解槽的大小选择合适的电极尺寸,通常为直径 5~10mm、长度 10~15cm)、电解液(如硫酸铜溶液)、连接线、保护手套、实验记录本。

【实验内容】

(1)准备工作

1)安全检查:确保实验室通风良好,避免有害气体积聚。检查所有设备和材料是否完好,确保无泄漏或损坏。

2)个人防护:佩戴保护手套、护目镜和实验服,确保个人安全。

（2）组装电解槽

1）选择电解槽：根据实验规模选择合适的电解槽，确保其清洁无污染。

2）安装电极：将阳极和阴极分别固定在电解槽中，确保电极不接触。确保电极的间距适当，通常为1~2cm，以保证电流均匀分布。

3）加入电解液：使用量筒准确测量所需体积的电解液（如0.1mol/L硫酸铜溶液）。小心倒入电解槽，确保电极完全浸没在电解液中。

（3）连接电源

连接电极：使用连接线将阳极连接到电源的正极，将阴极连接到电源的负极。确保连接牢固，避免接触不良。

（4）进行电解实验

1）开启电源：打开电源，逐渐调节电压至所需值（通常在2~6V）。

2）观察反应：观察电解槽中的现象，如气泡产生、沉淀形成等。记录电解过程中产生的气体（如氢气、氧气）或沉淀的颜色和性质。

3）记录数据：定期记录电流、电压和反应时间等数据，以便后续分析。

（5）拆卸电解槽

1）在实验结束后，首先关闭电源，确保安全。

2）等待电解槽和电极冷却至安全温度后再进行拆卸。

3）拆下氢气、氧气至分离器的管道，清理后封扎管口。

4）卸开电解槽底部电解液进口法兰盘。

5）把电解槽正极端的极板组隔膜框按顺序编号。

6）用专用工具均匀松开4个拉紧螺栓及相应附件，取下附件及螺母后仍套在原位置。

7）依次拆卸绝缘片石棉隔膜框和极板，并放置在橡皮垫上，进行仔细观察、检查。

8）小心倒出电解液，按照实验室规定处理废液。清洗电解槽及电极，确保无残留物。

【思考题】

1. 电解过程中观察到的现象有哪些？这些现象与电解原理有什么关系？
2. 拆装电解槽时需要注意哪些安全事项？
3. 如何优化电解槽的设计以提高电解效率？

参 考 文 献

[1] 吕崇德. 热工参数测量与处理 [M]. 北京：清华大学出版社，2009.

[2] 臧建彬. 热工基础实验 [M]. 上海：同济大学出版社，2017.

[3] 丁振良，袁峰. 仪器精度理论 [M]. 哈尔滨：哈尔滨工业大学出版社，2015.

[4] 陈军，严振华. 新能源科学与工程导论 [M]. 北京：科学出版社，2021.

[5] 程方益，焦丽芳. 新能源实验科学与技术 [M]. 北京：科学出版社，2024.

[6] 沈维道，童钧耕. 工程热力学 [M]. 北京：高等教育出版社，2000.

[7] 褚小立. 化学计量学方法与分子光谱分析技术 [M]. 北京：化学工业出版社，2011.

[8] 汪峻，姚斐. 氧分析仪在微量氧分析中的应用 [J]. 计测技术，2005，25（5）：3-6.

[9] 朱思羽，任立金，李楠. 电化学微量氧分析仪的应用 [J]. 仪器仪表用户，2023，30（10）：8-11.

[10] 吴红志. 氢气含量的几种检测方法 [J]. 氯碱工业，2011，47（4）：34-36.

[11] 李瑾. 热导式氢分析仪的设计与应用 [J]. 石油化工自动化，2012，48（1）：23-27.

[12] 贾铮，戴长松，陈玲. 电化学测量方法 [M]. 北京：化学工业出版社，2006.

[13] 姜淑敏. 化学实验基本操作技术 [M]. 北京：化学工业出版社，2008.

[14] 黄倬，屠海令，张冀强，等. 质子交换膜燃料电池的研究开发与应用 [M]. 北京：冶金工业出版社，2000.

[15] 张宁，张燕红，关国强. 能源化学工程实验测试技术 [M]. 广州：华南理工大学出版社，2016.